科普总动员

动物保护人类,人类依赖动物。让我们一起来感叹鲜为人知的动物奇观吧!

鲜为人知的动物奇观

编著：费菲

人类是动物进化的最高阶段

没有动物就不可能有人类

山西出版传媒集团

山西经济出版社

图书在版编目（CIP）数据

鲜为人知的动物奇观 / 费菲编著. — 太原：山西经济出版社，2017.1
ISBN 978-7-5577-0157-4

Ⅰ. ①鲜… Ⅱ. ①费… Ⅲ. ①动物—青少年读物 Ⅳ. ①Q95-49

中国版本图书馆CIP数据核字（2017）第037299号

鲜为人知的动物奇观
XIANWEIRENZHI DE DONGWU QIGUAN

编　　著：费　菲
出版策划：吕应征
责任编辑：侯铁民
装帧设计：蔚蓝风行

出 版 者：山西出版传媒集团·山西经济出版社
社　　址：太原市建设南路 21 号
邮　　编：030012
电　　话：0351-4922133（发行中心）
　　　　　0351-4922085（总编室）
E-mail：scb@sxjjcb.com（市场部）
　　　　zbs@sxjjcb.com（总编室）
网　　址：www.sxjjcb.com

经 销 者：山西出版传媒集团·山西经济出版社
承 印 者：北京荣华世纪印刷有限公司

开　　本：787mm × 1092mm　1/16
印　　张：10
字　　数：150 千字
版　　次：2017 年 1 月　第 1 版
印　　次：2017 年 1 月　第 1 次印刷
书　　号：ISBN 978-7-5577-0157-4
定　　价：29.80 元

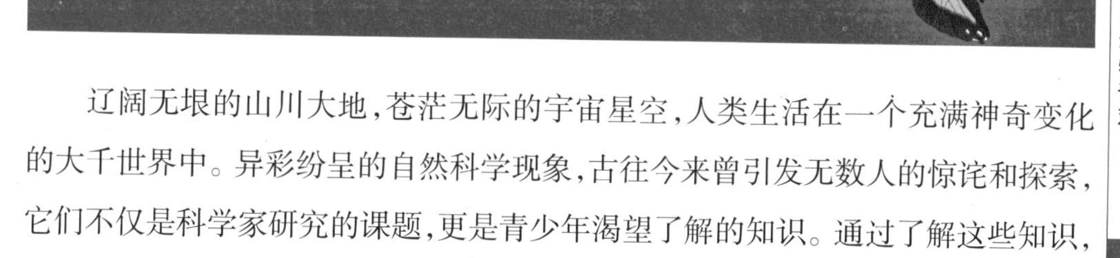

前言

■鲜为人知的动物奇观

辽阔无垠的山川大地，苍茫无际的宇宙星空，人类生活在一个充满神奇变化的大千世界中。异彩纷呈的自然科学现象，古往今来曾引发无数人的惊诧和探索，它们不仅是科学家研究的课题，更是青少年渴望了解的知识。通过了解这些知识，可开阔视野，激发探索自然科学的兴趣。

本书介绍了动物的相关知识，分“动物世界大观”“动物奥秘启迪”“动物学科猜想”三个篇章，将一个妙趣横生的动物世界淋漓尽致地展现出来。全书图文并茂、通俗易懂，并以简洁、鲜明、风趣的标题引发青少年的阅读兴趣。

从进化的历史看，动物比人类出现得早，人类是动物进化的最高级阶段。从这个意义上说，没有动物就不可能有人类。同时，由古代类人猿进化成人类以后，人类生活所需要的一切都直接或间接地与动物有关。离开了动物，人类就无法很好地生存。

丰富的动物资源是大自然赐给人类的物质宝库。时至今日，仍有靠猎取动物为生的民族，甚至有许多国家，动物资源是维持国计民生的支柱。为了保持身体健康、防病治病、延缓衰老，人们在长期的实践中，还发现很多疾病借助动物来治疗，如蛇、蜜蜂、蜗牛、昆虫等，都是有药用价值的宝贵资源。当人类对动物的了解越来越多以后，发现有些动物的“产品”，如毛皮、羽毛等物也大有用途，可以成为美化生活的原料。还有的可以变害为益，如蚕原本是危害某些林木的害虫，但当人们了解了它们的习性、特点以后，就利用它们的蚕茧缫丝织绸，为人类的生活服务。

动物不仅为人类的生产生活提供原料，为人类的健康做出无私奉献，同时也是守卫人类安全的忠诚卫士。科学家通过研究发现，动物对于自然灾害会提前做出异常反应，以警示人类危险的来临，从而避免悲剧的发生。一些动物还参与了人类的科研项目，如登陆太空的实验，其中一些甚至牺牲了生命，为人类社会的进步做出了巨大贡献。

随着社会的发展和进步,由于人类向动物索取的越来越多,使得动物资源日益减少。为了保护人类赖以生存的动物资源,科学家们不断努力,通过对胚胎移植技术的研究,创造出了基因更加优良的家禽牲畜;通过转基因动物技术的发展,使濒临灭绝的野生动物得到保护,并制造出品质味道更加优良的转基因动物食品。这一系列的举措,在改善动物生存状况的同时,也不断提高了人类的生活水平。相信随着科技的不断进步,蕴藏着宝贵资源的动物,将会给人类带来更多福音。

目录

鲜为人知的动物奇观

第3章 动物学科猜想

动物世界大观

□鲜为人知的动物奇观

中华曙猿揭示的秘密

科普档案 ●**动物名称:**中华曙猿 ●**特征:**体形小,一块下颌骨,下颌骨的一侧有两颗门齿

中华曙猿生活于中始新世中期，是已知的高级灵长类动物中最早的一种。中华曙猿的发现为判定人类起源地提供了重要证据。

根据生物进化史的理论,我们人类是从古猿进化而来的,那么,古猿的祖先又是什么样呢？这个问题一直是人类渴求解开自身生命秘密的难题,吸引着一代代古生物学家们孜孜不倦地探索。20世纪60年代初,研究人员在埃及首都开罗附近的法尤姆地区发现了一批3500万年的高等灵长类动物化石,从而形成了人猿起源于非洲的假说。但30年后在我国发现的“中华曙猿”却大大动摇了“人类起源地最有可能在非洲”的观点。

中华曙猿生活于距今4500万年前的中始新世中期，比法尤姆的高等灵长类动物早了将近1000万年,是已知的高级灵长类动物中最早的一种。

□中华曙猿

中华曙猿的化石是20世纪80年代在江苏溧阳上黄镇一个名叫水母山的山中发现的。经过发掘，考古研究人员在这里发现了距今大约4500万年的哺乳动物化石上万块。经清理,这些化石属于12个目、38科的63种哺乳动物。其中,一些小巧的牙齿特别引人注意，因为它们在某些方面很像灵长类动

物的牙齿，但却保留了许多非常原始、甚至有些像食虫类动物的特征。这一发现引起了美国同行的注意，从1992年开始，中美两国组成了联合研究小组，对上黄地区及相关地区开展了进一步的野外考察，对富含灵长类的上黄动物群及相关动物群进行了深入的研究。随后的工作发现了至少4个品种的高等灵长类动物，其中一种被命名为“中华曙猿”。

□世纪曙猿遗址小浪底库区

中美两国专家共同研究认定，中华曙猿的体重在50克到150克之间，是一种高等灵长类动物。之所以得出这样的结论是因为低等灵长类动物，像狐猴等善于跳跃而不用四肢攀爬，但曙猿四肢的骨骼表明它已习惯于用四肢在树枝间攀缘，而这正是高等灵长类的明显特征。

1994年，中国、美国、加拿大三国科学家联合提出了“人类起源在中国”的论断，得到不少世界知名科学家的认同。但是，不少学者在当时就指出，中华曙猿的出现只是孤证，而且是低等灵长类动物，因为中华曙猿相比较非洲的那些早期高等灵长类动物表现出了许多的原始特征，对此，这些学者认为高级灵长类动物不可能由中华曙猿进化而来，自然也就谈不上中华曙猿是人类的祖先。但是不久，中华曙猿作为迄今所知的最早高等灵长类动物的地位就被其最近的承继者——世纪曙猿的发现进一步证明了。1996年，在山西垣曲小浪底工程热火朝天进行的时候，一支中美科考团在抢救性挖掘现场发现了世纪曙猿，世纪曙猿比中华曙猿略大，生活在距今大约4000万年前的中始新世最晚期。在一系列性状上，它都显示出属于高等灵长类动物的特征，显示了与古老的始镜猴类的相似性，从而为高等灵长类始镜猴起源论提供了一定的证据，因此它被命名为世纪曙猿。

1999年,一个由法国科学家为主组成的研究小组在缅甸发现了中始新世晚期的新属种邦塘巴黑尼亚猿。邦塘巴黑尼亚猿年代与世纪曙猿年代相当,晚于中华曙猿。作为进化史上最早的高等灵长类家族,曙猿发现的这三种化石记录及其年代显示,中华曙猿不仅是目前所知道的类人猿亚目的最早代表,而且在它出现后不久,曙猿科就可能发生了在东亚地区的散布,以及从东亚向东南亚地区的散布。

2000年,中美科学家在具有世界权威的英国《自然》杂志联合发表论文,认为曙猿化石在江苏溧阳和山西垣曲相继发现,包括人类及其近亲——猿和猴子在内的高级灵长类的起源,应确定在4500万年前左右的东亚。至此,由中华曙猿的发现引发的对高等灵长类非洲起源论的挑战,似乎已经有了明确的结论,但由于最终缺乏化石来证明非洲猿是从中国迁移过去的,所以,"人类起源在中国"学说只能与"人类起源在非洲"相对峙。

知识链接

古人类化石

历史上,古人类化石是判定人类起源地的重要证据。1856年,德国发现了古人类化石,当时人们认为人类起源于欧洲。20世纪20年代,有古生物学家认为人类发源于蒙古高原地区。20世纪50年代末在坦桑尼亚发现"东非人"化石之后,人们开始相信人类起源于非洲。

古代类人猿的后裔

科普档案 ●**动物名称**:类人猿 ●**特征**:形态结构和生理功能与人相似,无尾

人是由古猿进化而来的,古代类人猿在身体器官上具备了向人类转化的条件,大自然的变化以及劳动在古猿进化成人的过程中起了重要作用。

人也是生物进化的结果,是由古猿进化而来的,但古猿是如何变成人的呢?对于这个问题,历来争论很多。最终为这个难解之谜给出答案的是马克思主义的创始人之一、国际无产阶级运动的领袖恩格斯。

人类起源的种种传说是人类在科学发展水平还十分低下的历史条件下,探索自身起源的一种朴素认识。随着历史的发展,这种粗糙而又缺乏科学的解释,已日益不能为人们所满意。随着近代科学特别是解剖学的日益进步,人们开始质疑神创论的绝对权威,用科学的探索精神寻求人类起源的本源。在这个过程中,先后出现了瑞典植物学家林耐的“人猿同类”说、法国博物学家布丰的“人猿同源”说、法国博物学家拉马克的“由猿变人”说。1859年,英国生物学家达尔文出版《物种起源》一书,阐明了生物从低级到高级、从简单到复杂的发展规律。1871年,他又出版《人类的起源与性的选择》一书,列举许多证据说明人类是由已经灭绝的古猿演化而来的。

在达尔文生活的时代,人们还没有发现多少古猿的化石。达尔文怎样得出人类起源于古猿的论点呢?主要是由于他已经有了进化观点。他仔细地比较人类和现代类人猿的材料,根据材料相似或相异的程度,得出人类和类人猿共同起源于古猿的论点。达尔文以后,科学界发现了不少古猿化石,支持人和猿同祖的见解。但人们一直未能正确解释古猿如何演变成人。这个难题一直困扰着许多科学家。

□人类进化历史

1876年，恩格斯写了《劳动在从猿到人转变过程中的作用》一文。文中第一次提出：古代类人猿在身体器官具备了向人类转化的条件和在自然力的影响下，是劳动在这个进化成人的过程中起了重要的作用。这就是著名的“劳动创造人本身”理论。按照恩格斯的理论，人类是这样产生的：在远古的热带森林里，曾经生活着一种古代类人猿。它们长期在树上过着攀缘的生活，它们的骨骼和各种器官同今天的人类已经比较接近。随着大自然的变化，原有的森林稀疏了，有许多古猿被迫下到地面上生活。由于他们的前后肢已经有一定的分工，他们不再像其他动物那样四肢行走，而是在前肢的协助下，半直立行走。由于它们经常需要用后肢支撑躯体，用前肢去抓握天然的木棒和石块，来抵御猛兽的侵害，捕捉较小的动物，采集植物的果实，经过一代一代的进化，它们的后肢越来越适应在地面上行走，最后终于能够完全用后肢直立行走了。这时它们的上肢就从行走中完全解放出来，迈出了从猿到人的具有决定意义的一步。此后，它们的上肢就专门用来获取生活资料。又经过一段漫长的时期，它们的骨骼、肌肉、韧带等更加进化，脑子和发音器官更加发达，手也变得越来越灵巧，终于制造出第一把石斧。生产工具的制造，标志着人类的诞生。

随着化石材料的不断发现，测定年代方法的不断改进，人们对人类起源的认识也不断深化。目前已经可以大致勾画出人类脱离古猿后的发展历史：猿人阶段——古人阶段——新人阶段。

猿人阶段开始于200万~300万年前。这时猿人已会制作一些粗糙的石器，脑容量在600~700毫升。猿人晚期已接近现代人类，打制的石器比前期复杂，石器有了初步的用途分工，如打猎的石器是专门用来打猎的，剥制兽皮的是专剥制兽皮的，并能使用火与长期保存火种。我国发现的元谋人、蓝田人、北京人以及坦桑尼亚的利基人，都是晚期猿人的代表。猿人阶段一般认为在大约30万年前结束，此后进入古人阶段。古人阶段又称早期智人阶段。古人的脑容量进一步增大，已达到现代人的水平。脑结构也较猿人复杂。制作的石器较为规矩，但还不知磨制，能人工生火，有了埋葬的习俗，有了原始的“衣服”，体质也开始分化，有了明显的差异。我国发现的马坝人、长阳人、丁村人是这一时期的代表。古人阶段一般认为大约在5万年前结束，此后进入新人阶段。新人阶段又称晚期智人阶段。新人在体态上与现代人几乎没有什么区别。新人打制的石器已很精致，形状多样，石器分工已较明确，并出现了骨器与角器，大约在1万年前，甚至有了磨制石器。新人还会制作装饰品，进行绘画、雕刻等艺术活动，开始了美的追求。法国鲁克马努人，中国柳江人、山顶洞人是这一时期的代表。以后，人类便进入了现代人的发展阶段。

在生物学上，人被分类为动物界脊索动物门哺乳纲灵长目人科人属智人种。灵长目包括两个亚目：原猴亚目和类人猿亚目。原猴亚目中是一些原始猴类；类人猿亚目中，除了人类之外，还包括几种进步的猴类、长臂猿科和猩猩科。它们是除了人以外最为高等的动物。

知识链接

中国的晚期智人

中国最先发现的化石晚期智人是著名的周口店山顶洞人。这些化石是1933年在龙骨山的山顶洞中发掘出来的，包括完整的头骨、头骨残片、下颌骨、下颌残片、零星牙齿、脊椎骨及肢骨。新中国成立后，我国又相继发现了一系列重要的晚期智人化石：包括进化程度与山顶洞人相当的柳江人头骨（发现于广西柳江县）、比山顶洞人和柳江人进步的资阳人头骨（发现于四川资阳市）和穿洞人头骨（发现于贵州普定县），以及分别被称为河套人、来宾人、丽江人和黄龙人的零散化石材料。

恐龙的起源

科普档案 ●**动物名称**:恐龙 ●**特征**:脑子小(除部分肉食恐龙),蛋下在陆地上

在距今2亿多年前的三叠纪时期，地球上生活着一群像鳄鱼模样的槽齿动物。后来，正是这些槽齿动物变成了最早的恐龙。

在距今2亿多年前的三叠纪时期，地球上生活着一群像鳄鱼模样的爬行动物,每只都长着尾巴和强有力的后肢,科学家称这些生物为槽齿动物。后来,有一群槽齿动物开始用它们强壮的后肢行走,在它们背后抬起长长的尾巴,以保持身体平衡。正是这些动物变成了最早的恐龙。

随着时间的进展,恐龙家族成员日益庞杂,它们之间的形态差别很大。这些恐龙被分成两大类:蜥臀类和鸟臀类。这是依它们的骨盆构造的不同进行的分类。蜥臀类的骨盆像蜥蜴的骨盆;鸟臀类的骨盆像鸟的骨盆。蜥臀类包括兽脚类和蜥脚类。兽脚类包括所有吃肉的恐龙,如霸王龙、跃龙、永川龙及许多小型的虚骨龙类;蜥脚类包括所有身躯庞大，脑袋很小,长颈长尾的恐龙,它们四足行走,全是吃植物的,著名的有雷龙、梁龙、马门溪龙等。鸟臀类全部是吃植物的恐龙，有四足行走的,也有两足行走的,可分为鸟脚类、剑龙类、甲龙类和角龙类四类。鸟臀类恐龙中著名的成员有禽龙、鸭嘴

□禽　龙

龙、沱江龙、华阳龙、甲龙、三角龙等。

□跃　龙

尽管恐龙中也有不少是比较矮小的，但总体而言，它们比古今任何种类的陆生动物都要大得多。著名的霸王龙，从头到尾长达15米，站起来有6米高，差一点有两层普通楼房那么高了。其实在恐龙家族中，霸王龙只能算是中等身材。真正的庞然大物是蜥脚类恐龙，它们包括马门溪龙、雷龙、梁龙、腕龙等，体长20~30米平平常常，抬头达5~6层楼的高度也不足为奇。

为什么有些恐龙长那么大？对它们的生存到底有什么好处呢？有人认为，爬行动物与哺乳动物的生长方式不一样，哺乳动物快速长到成年阶段后，接着便衰老、死亡。它们的寿命比较短暂，个头一般都不大。但大型的爬行动物却具有无限的生长力，只要它们不死，一辈子都在慢慢长个子。大型的蜥脚类恐龙能活200多年，200年不停地生长，个头自然会长得非常大。

又有人提出，中生代不仅许多恐龙躯体很大，海洋里的菊石（一种头足动物）也很大，有的大如车轮子；侏罗纪有一种蝗虫，体长可达1米以上；有一种翼龙，翼展开达15米，像一架飞机那样大。这是什么原因呢？有人推测，当时地球空气密度比较大；也有人推测，当时地心引力比较小；还有人说可能与宇宙因素有关。当然，这些原因都可使动物长得很大。

那么，体大在生存上是否有好处呢？科学家也是各有各的认识。有的说在中生代这种特定环境中，体大对生存竞争是有利的。例如，蜥脚类恐龙的庞大身躯本身就是一种防御。吃植物的雷龙比吃肉的跃龙体重大13倍。面对这么大的捕猎对象，食肉龙如果单枪匹马地干，肯定会落得一个“偷鸡不成蚀把米”的下场，更何况，蜥脚类恐龙还具有一定的自卫能力。

据观察，一头凶猛的非洲狮只能捕捉比自己体重重2~3倍的斑马，并不是多大的动物都能对付。由此可见，体大确实有一定的防御功能。庞大的身躯对占领生活环境、争夺食物、称霸地球，不能说没有好处，要不，有些恐龙就不会竞相往大长了。特别是植食龙和肉食龙之间，前者为了自卫越长越大；后者为了捕食前者也不甘落后地增大自己的身躯。然而，大有大的难处。有不少学者认为，体大并无好处可言。体大的动物肚皮大，吃得多，像蜥脚类恐龙，偌大的身体，而脑袋却很小，吃食问题不好解决，如果环境一有变化，首先被淘汰的就是巨大的动物。

□沱江龙

恐龙为什么长那么大目前还没有一个令人信服的说法。然而恐龙在整个中生代取得了令人瞩目的成功，可在1.6亿年之后它们却又令人不解地悄然消失。有人认为，恐龙的灭亡与它庞大的身躯有着直接的关系。

知识链接

庞大的恐龙家族

恐龙是一支庞大的家族，它的足迹遍及地球。但大多数恐龙是在美国、蒙古、中国、加拿大、英格兰和阿根廷被发现的。目前发现的恐龙属有286个，种有336个。科学家估计，地球上曾有900～1200属的恐龙生存过。已经发现的恐龙属数为实际数量的1/4～1/3。

大名鼎鼎的三叶虫

科普档案 ●**动物名称**:三叶虫 ●**分布**:英属哥伦比亚、中国、德国 ●**特征**:背壳纵分为三部分

在距今5亿多年以前的寒武纪时期，统治海洋的是一种样子像虾的原始节肢动物——三叶虫，三叶虫体形不大，但却是5亿年前所有动物中最发达的。

300多年前的明朝崇祯年间，有人在山东泰安大汶口发现了一种包埋在石头里的“怪物”,其外形容貌颇似蝙蝠展翅,于是他就为之命名为“蝙蝠石”。到了20世纪20年代,我国的古生物学家对“蝙蝠石”进行了科学研究,终于弄清楚这原来是一种名为三叶虫的化石。

在距今5亿多年以前的寒武纪时期,陆地上是一片荒凉,没有动物,没有森林,甚至连一根草都没有,到处是光秃秃的岩石。虽然陆地上毫无生气,但海洋里已经生气勃勃了！海水里充满了海藻以及千千万万的动物,其中主要是无脊椎动物。因此,早期古生代被称为“海生无脊椎动物的时代”。这时,统治海洋的是一种样子像虾的原始节肢动物,它的身体分为头部、胸部和尾部三个部分;背面的甲壳坚硬,正中突起,两肋低平,也形成纵列的三部分,按照其形状特点,后来的人类给它起了一个恰如其分的名称——“三叶虫”。常见的三叶虫一般长度都在3~10厘米,宽度在1~3厘米,超过20厘米的就算大型的了。别看三叶虫体形不大,但却是5亿年前所有动物中最发达的。在漫长的时间长河中,它们繁衍出了众多的类群和巨大的数量，总计有1500多个属,1万多个种。三叶虫的背壳成分为磷酸钙和碳酸钙,质地坚硬,容易被保存成为化石,所以至今为止,世界上每年还有新的三叶虫物种被发现。

在寒武纪早期,三叶虫的种类数量就很丰富,因此古生物学家和生物

学家都认为三叶虫的远祖早在寒武纪前就已存在，并在前寒武纪后期分化出了许多支系。

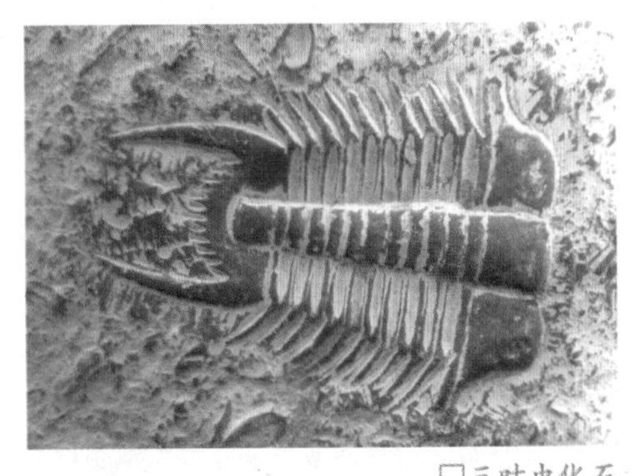
三叶虫化石

通过对三叶虫化石进行研究，专家们认为：寒武纪时期的三叶虫经常与海百合、珊瑚、腕足动物、头足动物等一起生活；从三叶虫的体形上判断，它适于爬行，是海底生活的动物，它以原生动物、海绵、腔肠、腕足等动物的尸体，或海藻及其他细小的植物为食；三叶虫在进化的后期，由于海中出现了大量肉食动物，如鹦鹉螺、原始鱼类等，它们直接威胁了三叶虫的生存，三叶虫由此发展了卷曲能力，它们的头部和尾部可以完全紧接在一起，仅将背部的硬壳暴露在外。正因为三叶虫拥有顽强的生命力并占据了不同的生态空间，所以寒武纪的海洋成了三叶虫的世界。在此后的奥陶纪，古老的三叶虫种类绝灭了，新的种类兴起进入第二个繁盛期，再往后，由于肉食性动物大量繁盛，在地球上生存了3亿多年的三叶虫急剧衰退最终灭绝了。

三叶虫演化的种类多，分布海域广，个体数量大，各属、目之间界线清楚并随年代依次出现，因此成为寒武纪时期全球性可对比的标准化石。我国是世界上产三叶虫最丰富的国家之一，研究时间早、程度深，仅寒武纪就划分出29个三叶虫生长带，为亚洲提供了标准地层剖面，并为世界性的生物地理区划分提供了重要的依据。

知识链接

水　蝎

三叶虫灭绝前，有一种三叶虫进化成了水蝎。它长着强有力的螯，能捕捉别的水生动物。可水蝎后来也跟它们的祖先三叶虫一样灭绝了。如今地球上还生活着水蝎的后代，如蝎子、蜘蛛、虱子和马蹄蟹等。它们直到现在还极像它们的祖先，生活方式也几乎一样。

古老的鸭嘴兽

科普档案 ●**动物名称**:鸭嘴兽 ●**分布**:澳大利亚东部 ●**特征**:长相怪异，水陆两栖

鸭嘴兽出现于2500万年前，是最古老而又原始的哺乳动物，它的身体构造，提供了哺乳动物由爬行类进化而来的许多证据。

恐龙生活在中生代,也就是2.5亿万年前到6500万年前的这段时间。如果说中生代就是恐龙时代，那么下一个时代——新生代就是哺乳动物的时代。最早的哺乳动物属于单孔目,也就是通过产卵来进行繁殖的哺乳动物。现今的哺乳动物种类繁多,但只有3种单孔类哺乳动物仍然存在,其中最著名的就是鸭嘴兽。

鸭嘴兽是世界上少有的几种“活化石”动物,但它的发现历史并不长。1799年11月,几位英国动物学者在澳大利亚南部发现了一张兽皮,它长着一身海狸的毛、海狸的秃尾巴和鸭子一样的嘴巴。起初，几乎所有人都认为这是某位大骗子的“杰作”,是把鸭嘴缝在小兽皮上伪造出来的,自然界根本没有这种动物存在。过了几年,苏格兰的一名著名解剖学家对那张兽皮进行了细致的观察和研究,断定它不是什么骗子的把戏,

□鸭嘴兽

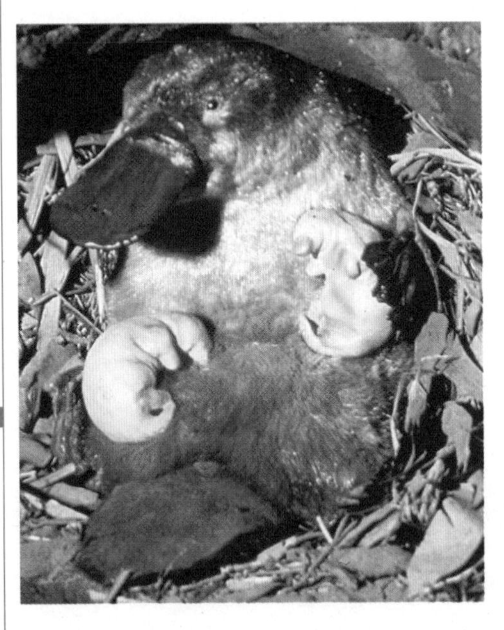
□鸭嘴兽与小兽

而是地地道道的大自然遗物。后来,这种动物的活体不断被发现，该把它叫什么呢?在反复琢磨后,科学家们给它起了一个形象的名字——鸭嘴兽。

然而鸭嘴兽到底属于哪一类动物?是长着鸟嘴的兽,还是长着兽身的鸟,或是长着毛的爬行动物?在这个问题上,欧洲的动物界众说纷纭,莫衷一是。为什么给鸭嘴兽定名这么困难呢?是因为鸭嘴兽身上有许多稀奇古怪的地方。

从鸭嘴兽的外形来看,就很奇特。它的身体像兽类,全身被毛,毛是浓密的短毛,体形为流线型,身长约50厘米。它的嘴是颌部的延长,外形极似鸭子的嘴。别看它的嘴像鸭嘴,可比鸭嘴高级多了。它的嘴里面是角质的,覆盖在角质上面的是一层柔软的、富有弹性的黑色皮肤,皮肤里还有一些特殊的结构,能感觉到动物肌肉里电场的移动。这使得鸭嘴兽的嘴能准确地捕捉到藏在水底淤泥里的小动物。它的嘴的前缘还有脊纹,可以咬碎或咬紧食物,下颌两旁还有“过滤器”,把水挤压出去。

鸭嘴兽的巢筑得非常讲究,有几条地道相通,里面铺有树叶和干草。它的巢穴一般有两个洞口,一个通水路,一个通陆地,洞口伪装得很巧妙,通陆地的用乱草遮盖,通水溪的用乱石掩护。它白天在巢中睡觉,晚上结群下水觅食。鸭嘴兽的大部分时间在水中渡过,连交配也在水中进行。每年夏秋季是它的繁殖期,每次产卵1~3枚。卵内的胚胎在体内已经发育了10多天,所以卵一经排出,母兽即开始孵。孵卵时它的身体蜷曲起来,把卵贴在胸前,伏在窝里不出来。10天左右,小兽便破壳而出。鸭嘴兽的卵壳是软的,上面含有一层胶质,而小兽在卵壳内长有一种特殊的牙齿,破壳时全靠这副卵牙,出壳后就自行脱落。代之而起的是十颗乳牙，可是乳牙还未长成，又一一脱落了。有趣的是母兽没有乳房和乳头，只是在胸前的乳区有乳汁顺毛流出。出壳后的小兽身体很小，没有毛，眼睛也睁不开，全靠舔食乳汁长大。4个月后，它们就能独立到洞外游泳觅食了。

鸭嘴兽的体温低，一般体温维持在26~35℃之间，而且体温随着外界环境的变化而变化，但是变化是有范围的，当环境在30~35℃持续不变时，它将失去调温能力而死亡。这一生理特点决定了鸭嘴兽生存范围极为狭窄。

由于鸭嘴兽有这么多奇特的特点，生物学家们经过约100年的争论，终于在19世纪80年代将鸭嘴兽定为：哺乳动物纲，单孔目，鸭嘴兽科。全世界只有这一科一属一种。现在，鸭嘴兽是世界上极其珍贵的动物，是澳大利亚的国宝，像我国的熊猫一样，一般是禁止出口的。

知识链接

鸭嘴兽

鸭嘴兽是由爬行动物向哺乳动物进化中的过渡类型。由于它所具有的原始性，使它在世界各地均被后来先进的哺乳动物绝灭了，只有澳洲大陆在鸭嘴兽刚出现后不久就独自南移，与其他板块相隔离，终止了动物的交流，动物的进化也停止了，才使鸭嘴兽保存到今天。

沥青湖中的剑齿虎

科普档案	●动物名称:剑齿虎	●分布:亚欧非,北美	●特征:犬齿长

剑齿虎是大型猫科动物进化中的一个旁支，生活在更新世时期。它们的体形比现代狮粗大得多，巨大的上犬齿可长达 20 厘米，可能是用来刺击乳齿象之类的大型草食动物。

现代老虎是大型猫科动物发展的主支,而旁支则是已经灭绝了的剑齿虎。与剑齿虎比起来,现代老虎的祖先们在它"大哥"剑齿虎称王时只是个头很小的"小弟弟",当时,剑齿虎才是真正的"兽中之王"。

剑齿虎身长 1.8 米左右,体形大约与现代虎差不多,但是它的上犬齿却比现代虎的犬齿大得多,甚至比雄野猪的獠牙还要大,如同两柄倒插的短

□剑齿虎

剑一般。食肉类动物的犬齿作为捕食猎物的一种杀伤武器，正常的情况应该是上下犬齿平均发展，在攻击时能够上下相合，就可以咬死猎物。但是剑齿虎的上犬齿演化得如此巨大，而下犬齿又相对退化，根本不成比例，所以可能是专门用来对付象类等大型的厚皮食草类动物的。如此特殊而长大的犬齿，只需一对就可戳入猎物身体的深处，并且可以尽量地扩大伤口，造成猎物的大量出血而死亡。与此相适应，剑齿虎的头骨和头部的某些肌肉也相应地发生变化，以便口可以张得更大，使下颌与头骨能形成90°以上的角度，这样才能充分有效地发挥这对剑齿的作用。但是，剑齿虎这种极端特化的发展，显然也有其不利的一面，即大大缩小了对环境和猎物的适应面，这也是它灭绝的一个原因。

□沥青湖表面

剑齿虎生长的时代，正处于第四纪冰川时期，气候寒冷，大型食草动物靠长毛和厚皮来抵御严冬，它们行动迟缓、笨拙，容易被捕杀。但在2万年以前，冰期结束了，气候转暖，出现了植物生长旺季，随后食植物的动物也大量繁殖起来，可是那些耐寒冷的大型食草动物，不能适应气候的变化，只有向北迁移，可北极圈中并无充足的草原，便因饥饿纷纷死亡了。以捕食它们为生的剑齿虎失去了食源，再想回过头来捕杀小动物或马、鹿等大动物时，并不善于快速奔跑的剑齿虎逐渐无所用其长，竞争不过那些比较灵活的并且全面发展的一般食肉类动物，于是，它也只能随着大型厚皮动物的灭绝而灭绝了。代之而兴的就是后来出现的现代虎以及其他大型食肉类动物。

剑齿虎曾广泛分布在亚、欧、美洲大陆上，但化石数量出产最多的和骨架最完整的地方是在美国。美国洛杉矶有一个著名的汉柯克化石公园，这个公园所在地原本是海底，100多万年前随着海平面下降才成为陆地。在沉睡于海底的日子里，这块“土地”上沉积了大量的海洋生物遗骸，在压力作用下逐渐形成石油。成为陆地以后，来自四周山地的新沉积物不断挤压下面的油层，使石油缓慢而源源不断地自地下沿岩石裂缝渗出地表，较轻的组分挥发掉了，留下较黏重的组分，不断氧化成沥青。至少在40000年以前，这里就已经成了一个深不见底的沥青池。“沥青口”当然不像火山口那样气势磅礴，黑黝黝黏糊糊的沥青如同死水一般，表面看来非常平静。再加上沥青层总是被尘土、枝叶等遮蔽，还经常被水淹没成为湿地，吸引着周围的动物。在几个世纪前，当地的印第安人就利用这些沥青来烧火做饭，后来白人夺取了这块土地，在沥青湖上打井采油，挖沥青铺路，湖中埋藏的化石便被发现了。从1875年发现第一块化石起，100年来挖出2100只剑齿虎，此外还有大量其他脊椎动物的化石。有趣的是，这2000多只剑齿虎若按年龄来分析，幼年的仅占16.6%，而青壮年的却占82.2%，表明了它们是来这里捕食陷入沥青湖的猎物而遭到灭顶之灾的。

知识链接

现代老虎的祖先

在剑齿虎生活的时代，现代老虎的祖先们专门捕食小型哺乳动物，会游泳、爬树。在剑齿虎绝灭之前，现代老虎的祖先们也随着食草动物的大型化而大型化起来，但身体的敏捷与速度一直胜于猎物，只是身体重了，上树不便了。尽管没有半尺长的犬齿，但它们在捕食技巧上比剑齿虎高明得多，这也是现代老虎生存至今的原因所在。

聪明的黑猩猩

科普档案 ●**动物名称:**黑猩猩 ●**分布:**非洲中部 ●**特征:**基因与人类相似,智力水平高

黑猩猩是人类的近亲，是与人类血缘最近的动物，也是除人类之外智力水平最高的动物。

在灵长类动物中,黑猩猩被称作是人类的近亲,这是因为它除了在亲缘关系上与人类最为接近之外,还是动物界中仅次于人类的一种聪慧动物。

科学家专门设计了一个有趣的实验来测量黑猩猩的智慧究竟有多高:在一间空房子中,科学家在天花板上悬挂了一串香蕉,还在房间里放了几只空木箱。然后让一只饥饿的黑猩猩走进去，看它怎样取下那串香蕉。黑猩猩很快发现了香蕉，急于吃到可又偏偏够不着。它在空房中走来走去，仿佛在想办法。后来,它发现了屋角的空箱子,于是搬了一只放到香蕉下面,站在箱子上伸长双臂,还是够不到。然后,黑猩猩又搬来一只，叠在第一只箱子上面,但高度依然不够。最后,当黑猩猩把第三只空箱子也

□黑猩猩是仅次于人类的聪慧动物

□黑猩猩在日本记忆力测试中击败大学生

叠在上面时，终于拿到了这串它爱吃的香蕉。这个实验说明，黑猩猩有像人一样的智能，能够通过推理和判断克服遇到的困难。

日本科学家在实验中发现，一只7岁大的黑猩猩在一个记忆的测试游戏中胜过了人类。在这个实验中，科学家训练了三组黑猩猩母子，让它们识别并记忆电脑屏幕上闪过的数字的位置。结果发现，其中一只7岁黑猩猩做得最好。科学家随后让几个大学生和这只黑猩猩进行比赛，当数字在屏幕上出现的时间只有1/5秒时，这只黑猩猩成功地摆对了80%的数字，而大学生的成功率平均只有40%。至于黑猩猩对于数字位置的记忆能力能够持续多久，科学家表示还没有测试过。

那么，黑猩猩此次实验中记忆的优势从何而来？有人认为是更多的训练的缘故，因为这只黑猩猩7年来一直接受这个游戏的训练。但进行该项研究的科学家并不同意，因为他们训练了大学生6个月，但是他们的精确性并没有黑猩猩好，他们认为，很可能是人类和黑猩猩在五六百万年前脱离共同祖先时，人类为了进化形成能够处理语言和其他复杂符号的更强壮的大脑，可能减弱了接受快速智力符号的能力。科学家也表示，在某些特定任务中，黑猩猩能够胜过人类并不是令人惊讶的事。要发掘黑猩猩智力，关键在于设计适当的测试。不过，科学家还表示，测试是要有一定限度的，比如，你就无法让黑猩猩进行微积分运算。

黑猩猩是否理解其他生物的想法，是灵长动物行为学的一个重大问题。以往的研究发现，黑猩猩懂得把东西藏起来不让别的同类或人找到，却难以领会有关食物所藏地点的提示，而人类幼儿甚至狗都很容易理解这种提示。

德国科学家设计了一项实验，考察黑猩猩遇到帮助者和竞争者时，其理解能力有何不同。研究人员事先在一个地方藏好香蕉，然后给接受实验的黑猩猩一些线索，以帮助它们找到食物所藏的地方。而在另外一组实验中，研究人员让其他黑猩猩参与进来，与接受实验的黑猩猩一起竞争觅食。研究人员通过对比发现，在面对竞争对手的时候，接受实验的12只黑猩猩中有一半容易找到藏食处，这里的“容易”是指找到食物的机会比偶然碰到更大。而借助合作者帮助时，只有3只黑猩猩比较容易发现藏食处。据此，科学家认为，黑猩猩在面临竞争时更聪明，这是适应野外生活的结果，因为，在野外生活中，为了获取更多食物，使自己不挨饿，它们更多地向同类表现出竞争的态度，而不是“无私奉献”的精神。长此之后，它们的交际技能便更适合竞争环境了。

黑猩猩虽然非常聪明，然而研究人员却始终无法训练它们用人类的语言大声讲话，这是为什么呢？1996年，美国科学家发现，黑猩猩被挠痒时也会笑，在笑的同时还呼吸，听上去就像链锯开动的声音，而人类在讲话或笑时呼吸是暂时停止的，这是因为人能够很好地控制与发声有关的各部分隔膜和肌肉。科学家认为，能否讲话的关键在于神经系统对气流的控制，人类能讲话就是突破了这方面的限制，而黑猩猩却无此能力，这就揭开了黑猩猩不能讲话之谜。

知识链接

黑猩猩

黑猩猩在生理上、高级神经活动上、亲缘关系上与人类最为接近。此外，其行为和社会行为也都近似于人类。因此是医学和心理学研究，以及人类的宇宙飞行最理想的试验动物。但国际法律明文规定，不论任何理由任何方式，都不能用猩猩科属的动物来做医学研究等试验。

袋鼠的发现

科普档案 ●**动物名称:**袋鼠 ●**分布:**澳大利亚 ●**特征:**跳得最高最远的哺乳动物

袋鼠属于有袋目动物。有袋目是哺乳动物中比较原始的一个类群，目前世界上总共有 150 多种，分布在澳大利亚和南北美洲的草原上和丛林中。

澳大利亚位于印度洋和太平洋之间,多少年来,澳大利亚一直孤独地处于其他大陆之外,这块大陆上的动物几乎与外界没有任何的联系,这个情况致使澳大利亚的动物具有十分独特的形态。澳大利亚的动物中,除了鸭嘴兽之外,人们最熟知的应该是袋鼠了。

袋鼠是早期哺乳动物的代表,至少已在地球上生活了 1 亿年,现今只分布在澳大利亚。关于袋鼠英文名字的由来,有一个有趣的故事。1770 年 7 月,著名的英国航海家库克船长率领船队来到了澳大利亚海岸,一天,他派几名船员上岸去给病员打鸽子,改善生活。船员们打猎回来以后,说看到一种动物,有猎犬那么大,颜色和老鼠一样,行动很快,转眼之间就不见了。两天以后，库克船长也亲眼看见了这种动物。又过了两周,参加库克考察队的一位名叫班克斯的植物学家带领四名船员,深入内地进行考察。在路上,班克斯也看到了这种像跳鼠一样,用两条后腿跳跃前进的动物。他们

□袋鼠

问当地的土著居民怎样称呼这种动物，土人回答："康格鲁"。于是，"康格鲁"便成了袋鼠的英文名字并沿用至今。可是人们后来才弄明白，原来"康格鲁"在当地土语中是"不知道"的意思。

□袋鼠与幼鼠

袋鼠，顾名思义，身上有个袋。这袋叫育儿袋，位于腹前，由一根上趾骨或叫袋骨支撑着，用以哺育早产儿。以大袋鼠为例，它怀孕期仅33天，最长也不过40天。小仔产下时，身长不到2厘米，体重不到1克，后腿还被胎膜裹着，根本不像兽类，活像一条小蚯蚓。好在它母亲有个育儿袋，并在临产前已把袋内清理，还用舌头从尾根到育儿袋之间的肚皮上舔湿一条窄通道，幼仔就沿着这条小路艰难地爬进袋里。然后好不容易找到乳头，于是叼住不放，乳头也随之迅速膨大，紧紧堵满幼仔的口，幼仔就这样悬挂在乳头上。幼仔不会吸吮奶水，主要靠乳房自动收缩，将奶液压射至幼仔口中。小袋鼠就这样在母亲的育儿袋中生活约230天，才能最后离开母体。

澳大利亚袋鼠种类繁多，其中以大袋鼠和赤袋鼠最为知名。它们体高可达2米，前腿短，后腿长。休息时，前腿下垂胸前，后腿和粗大的尾巴着地，组成一个牢固的"三脚凳"，坐在那里。它强壮的后腿既是行动的工具，又是防御的武器。当遇到敌害时，后腿一蹬，可置敌人于死地，据说曾有人被它踢破脑袋。跳跃时，后腿一使劲，一步可跳6~7米远，顺坡时竟可达12米远，快速跳跑时，每小时可跑65千米，两三米高的障碍物，可轻松地一跃而过。真可称得上是动物界中的弹跳冠军。

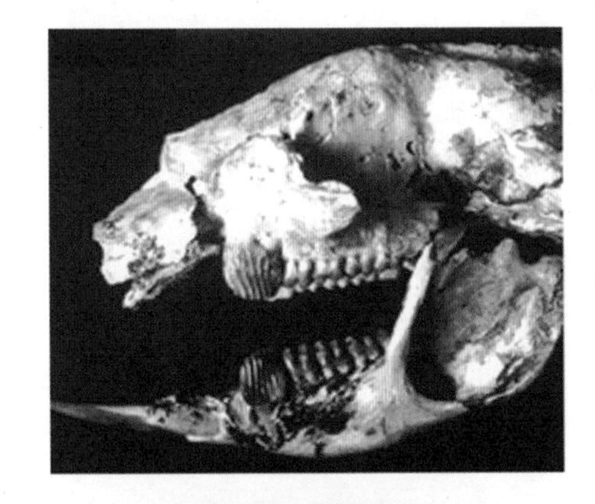

在我们的认识当中，袋鼠是一种吃草的素食者。然而，古生物学家在对近年新出土的一种袋鼠化石进行研究时发现，大约2000万年前，地球上曾经生存着一种凶猛的捕猎者——杀手袋鼠。它的外貌像人们熟悉的狼，不但有着尖利的牙齿，还有粗壮的前肢，能够迅速奔跑；和人们现在所熟悉的，前肢短小，蹦跳着前进的袋鼠完全不同。袋鼠通常被认为是一种温顺可爱的动物。那么，2000万年前的“杀手袋鼠”是否是现代袋鼠的祖先。如果是，袋鼠是如何从肉食者变成素食者的呢？如果不是，那么，“杀手袋鼠”又是如何灭绝的呢？研究还在进行当中，科学家希望通过这一研究，进一步揭示中新世，也就是500万~2400万年前，气候变迁对地球物种所产生的影响。

□2000万年前的杀手袋鼠是一种食肉动物

知识链接

有袋动物

以袋鼠为代表的有袋类动物以没有真正的胎盘，出生时幼兽发育不全，需要在育儿袋内抚育后代为特征。现存的有袋目动物共有237种左右。2008年，澳大利亚研究人员首次绘制出了有袋类动物的基因图谱，发现其中大部分与人类基因组类似，两者在至少15000万年前还有着相同的祖先。

最小的“大猫”云豹

科普档案 ●**动物名称**:云豹 ●**分布**:亚洲的东南部 ●**特征**:体形小,犬齿长,性格凶残

云豹是现存猫科动物中比较原始的类型。按头颅比例来算，云豹的犬齿是现存猫科动物中最长的。

猫科动物分大型猫科动物和小型猫科动物。有意思的是,它们的大小之分并不在于体形,而在于瞳孔和是否发出吼叫声。体形最小的大型猫科动物是云豹,它从头部到臀部仅仅90多厘米长,体重一般也只有20多千克,比小型猫科动物中体形较大的成员还要小些。

云豹有短而粗的四肢,以及几乎与身体一样长而且很粗的尾巴。头部略圆,口鼻突出,爪子非常大。体色金黄色,并覆盖有大块的深色云状斑纹,因此称作云豹。别看云豹个头小,但却拥有猫科动物中比例最长的犬齿,云豹的犬牙锋利而细长,犬齿舌面和唇面均有两道明显的血槽,与史前已灭绝的剑齿虎相似,所以云豹也有“小剑齿虎”之称。

云豹是以树为家的森林动物,是高超的爬树能手。在树之间跳跃对它们来说实在是小意思,要知道它们能肚皮朝上,倒挂着在树枝间移动,也能以后腿钩着树枝在林间荡来荡去。它们的特殊本事得益于千百万年来的进化,它们的四肢粗短,使得重心降低;带有长长利爪的大爪子能在树间跳跃时牢牢地

□云豹

抓住树枝;又长又粗的尾巴则是它们在攀爬时重要的平衡工具;它们的后腿脚关节非常柔韧,能极大地增加脚的旋转幅度。所有这一切都使它们能很漂亮地完成那些高难度动作。

云豹既能上树猎食猴子和小鸟,又能下地捕捉鼠、野兔、小鹿等小哺乳动物,有时还偷吃鸡、鸭等家禽,因此,云豹在人们的印象中是"害兽"。此外,由于人类贪图它们美丽的毛皮和豹骨,使得云豹数量锐减。如今人类对云豹的了解主要是通过那些被圈养的云豹完成的。可惜的是,这些稀有的"大猫"让试图使它们繁殖的专家们十分头疼,因为被关在一起的雄豹往往会杀死雌豹,即使它们能忍受在同一个笼子里生活,但也拒绝交配繁殖。

研究人员发现,在动物园里,这些喜欢爬树的云豹通常都被放在攻击性很强的动物旁边,比如叫声很大的老虎,而且它们被养在普通的笼子里,让这些害羞的云豹无处可藏。专家还发现,云豹喜欢爬树,一旦让它们爬树,它们的压力荷尔蒙就会降下来。这时,雌豹开始排卵,雄豹也开始产生正常的精子。通过研究人员不断的努力,现在,圈养云豹已经能成功繁衍后代了。云豹寿命大概有 11 年,圈养情况下约能活 17 年。

野生云豹主要生活在我国南部、泰国、马来西亚和印度尼西亚的苏门答腊和婆罗岛。目前统计数据表明,地球上野生的云豹数量少于 1 万只。随着森林的消失和偷猎者的捕猎,它们的处境非常危险。目前,我国有 4 种猫科动物被列为国家一级保护动物,其中之一便是云豹。

知识链接

猫科动物

猫科动物中的大型猫科动物指豹亚科,特点是瞳孔成圆形地放大缩小,能吼叫。小型猫科动物指猫亚科,特点是瞳孔成线形地放大缩小,不能吼叫。猫亚科中人们最熟悉的当属家猫。豹亚科包括豹属和新猫属,豹属中包括老虎、狮子、豹子等,新猫属仅包括云豹一种。

善变的避役

科普档案 ●**动物名称**:避役 ●**分布**:马达加斯加岛 ●**特征**:善于变换身体颜色,眼睛结构特殊

避役是爬行类动物的一种，体长约 25 厘米，头上有钝三角形突起，四肢较长，善握树枝。真皮内有多种色素细胞，能随时伸缩，变化体色。

在动物王国里,生活着一位奇特的居民,为了迷惑敌人,保护自己,它时常改变体表的颜色,或绿或黄,或浓或淡,变幻莫测。它就是“变色龙”。

变色龙学名叫避役,“役”在我国文字中的意思是“需要出力的事”,而避役的意思就是说,可以不出力就能吃到食物,所以命名为避役。俗称变色龙就是因为它善于随环境的变化,随时改变自己身体的颜色。假如避役生活在枝叶繁茂的绿树丛中,那么避役的体表会变成绿色;假如避役栖息在枯黄的树干中间,那么它的体表就会变得暗黄,与粗糙的材皮颜色相差无几。

避役为什么能变色呢?这引起了人们的兴趣。科学家经过反复研究,终于发现了其中的奥妙。原来,在避役皮肤里面有着各种色素细胞,它们决定着体表的颜色。这些色素细胞服从神经中枢的指挥,按照神经中枢的命令改变着皮肤的颜色。每当避役改变生活环境,神经中枢会根据环境颜色向色素细胞发出命令，让它改变体表的颜色，与环境颜色协调一致。

□避役

避役的种类约有 160 种,主

要分布在非洲地区，少数分布在亚洲和欧洲南部，非洲马达加斯加岛是它们的天堂。美国动物学家拉克斯沃斯是位蜥蜴研究专家，他曾发现过几个新种类的蜥蜴，还积极呼吁国际组织保护马达加斯加岛蜥蜴栖息地。通过对蜥蜴生活习性的深入研究，拉克斯沃斯发现，除了用变色来保护自己之外，蜥蜴变换体色的另一个功能是进行通信传达信息。它们经常在捍卫自己领地和拒绝求偶者时，表现出不同的体色。为了显示自己对领地的统治权，雄性蜥蜴向侵犯领地的同类示威，体色也相应地呈现出明亮色；当遇到自己不中意的求偶者时，雌性蜥蜴会表示拒绝，随之体色会变得暗淡，且显现出闪动的红色斑点；此外，当蜥蜴意欲挑起争端、发动攻击时，体色会变得很暗。

变色龙的这些变色本领，在工业生产上是很有启示意义的。现在，人们已经用某些特制的颜料做成变色漆，这种漆对温度的高低变化十分敏感，一旦温度变化，在不到一秒钟的时间内就会改变颜色。将这类变色漆涂刷在容易发热的机器设备上，就可以用颜色及时发出警报，提醒人们立即采取措施，以免因温度过高而损坏机器设备。

近年来，在变色龙的启示下，一种对光线很敏感的化学纤维已经研制成功。用这种纤维织成的布料在不同的环境下，能变换不同的颜色。部队战士穿了用这种衣料做的军装，隐蔽的时候就再也不需要伪装了；演员们穿上这样的服装表演节目，在不同颜色的灯光照射下，衣服会自动变换色彩。现在，科学家仍在研究变色龙表皮中的色素，以期发现更多能变色的有机色素。看来，这里面还奥妙无穷呢！

知识链接

蜥蜴特殊的眼睛结构

蜥蜴除了具有变色的本领之外，它的眼睛结构也十分特殊。蜥蜴的左右两眼可以单独活动，当一只眼睛注视前方时，另一只眼睛可环顾后方，视力范围在水平方向达 180°，垂直方向也有 90°。另外，蜥蜴捕食时，它的舌头可以伸出几乎和身体等长的距离，而且伸舌速度极快，整个捕食过程仅需要 1/25 秒。

麋鹿回家

科普档案 ●**动物名称:**麋鹿 ●**分布:**东亚 ●**特征:**长相奇特,富有传奇色彩

麋鹿又名大卫神父鹿，是中国特有的动物，也是世界珍稀动物。因它的头脸像马、角像鹿、颈像骆驼、尾像驴，因此又称四不像。

麋鹿是中国特有的珍稀大型鹿科动物,它有着非常奇特的外表:角像鹿而又不是鹿,颈像骆驼而又不是骆驼,蹄像牛而又不是牛,尾像驴而又不是驴。因此,民间俗称麋鹿为“四不像”,把它看作一种“怪兽”。

麋鹿起源于距今200多万年前,由于它善于游泳,再加上宽大的四蹄非常适合在泥泞的树林沼泽地带寻觅青草、树叶和水生植物,所以,麋鹿的栖息活动范围很大，在距今约1万年前到距今约3000年时已经发展成了数量庞大的种群。由于古代先民的大量捕杀,以及人类的早期开发活动破坏了适应麋鹿生存的生态环境,野生麋鹿种群大量减少。从秦汉以后,野生麋鹿种群就逐渐在原野上濒临绝迹了。元朝建立以后，善骑射的皇族把野生麋鹿从黄海滩涂捕运到大都(北京),供皇族子孙们骑马射杀。到了清朝康熙、乾隆年间，地球上只有一群约二三百只麋鹿被圈养在北京南海子皇家猎苑。这时候，国际动物学界还

□麋 鹿

□麋 鹿

不知道麋鹿的存在。

1865年秋季的一天，法国博物学家兼传教士爱蒙·戴维一脸风尘地在北京南郊进行动植物考察，经过南海子皇家猎苑，戴维从苑外土岗上向内窥探到了这一奇特的物种。戴维设法买通了守苑的军士，在一个深夜，猎苑的守卒秘密地以20两白银将一对麋鹿的鹿骨鹿皮卖给了戴维。戴维将麋鹿标本寄回巴黎后，经过动物学家鉴定，这不仅为从未发现的新种，而且是鹿科动物中独立的一个属。按照当时动物学界的惯例，应以"发现者"的名字命名这种鹿，从此麋鹿这种中国自古就声名卓著的动物便被称为"戴维鹿"。

麋鹿被发现以后立即引起了欧洲各国的极大兴趣，从1866年至1876年的10年间，英、法、德、比等国的驻清公使及教会人士通过明索暗购各种手段，共从中国弄走了几十头麋鹿，饲养在动物园中。

1894年，京南永定河泛滥，洪水冲垮了南海子皇家猎苑的围墙，许多麋鹿逃散出去并成了饥民的果腹之物。1900年秋，八国联军趁清朝政府腐败、防务空虚一举攻入北京，北烧圆明园，南掠皇家猎苑，南海子麋鹿被西方列强劫杀一空，中国特有的这种珍奇之物在故乡灭绝了。

19世纪末，那些流落于异国他乡、被欧洲一些动物园圈养的麋鹿，由于生态环境的恶化，种群规模逐渐缩小而纷纷死去，越养越少。这时出现了一位使麋鹿绝处逢生的人——贝福特，他是一位酷爱动物、特别喜爱鹿科动物的公爵。从1898年起，他出重金将饲养在巴黎、柏林等动物园的18头麋鹿悉数买下，放养在了伦敦以北的乌邦寺庄园内。十几年后，这群麋鹿已经繁殖到了88头。第二次世界大战爆发后，子承父业的小贝福特唯恐地球上唯一的这群麋鹿再次毁于战火，便将乌邦寺内的麋鹿向国内外各大动物园转让了许多。到 1983 年底，全世界的麋鹿已达 1320 头，均为当初 18 头麋鹿的后代。遍及亚、欧、非、美、澳各洲，但唯独没有回到它们世代生息的故里：中国。虽然在 1956 年和 1973 年各有一对和两对麋鹿运至北京动物园，但因繁殖障碍和生境不适，与从前许多欧洲动物园一样，一直未能复壮种群。

1984 年 3 月，乌邦寺庄园的新主人委托一位英国动物学家来华调查情况，选择回放地点。经过对北至辽河，南至苏北的麋鹿分布故地做了广泛的调查，最后大家一致认为：北京南海子作为皇家猎苑旧址，是重引麋鹿的最佳地点。

1985 年 8 月 24 日，一架满载着中英两国人民友谊的飞机，将 22 头麋鹿从英国乌邦寺庄园运抵北京，当晚运至南海子麋鹿苑。就这样，时隔近一个世纪后，“海外游子”终于回家了。

作为一个珍稀的物种，麋鹿在回到祖国后，得到了国人的呵护和重视，被列为一级保护动物。现在，我国是世界上拥有麋鹿数量最多的国家，达到了 1000 多头，但麋鹿仍然是一个濒危物种。

知识链接

鹿科动物

全世界共有鹿科动物 17 属，38 种，我国有其中的 10 属、18 种，位居世界前茅。在我国所产的 18 种鹿中，有四五种是中国的特有种。除了麋鹿之外，梅花鹿、白唇鹿和毛额黄鹿也十分著名。另外有几种，虽不是中国的特有种，但也属珍贵稀有，如坡鹿、白鹿、寿鹿和天山马鹿等。

珍稀的普氏野马

科普档案 ●**动物名称**:普氏野马 ●**分布**:新疆、蒙古 ●**特征**:体形健硕，染色体比家马多一对

普氏野马体形健硕，机警，善奔驰。但因其多生活于荒漠戈壁，缺乏食物，水源不足，同时遭受低温和暴风雪的侵袭，在自然界曾濒临灭绝。

在我国新疆的准噶尔盆地和蒙古人民共和国的干旱荒漠草原地带，曾经生活着一种野马——普氏野马。别看它与现代马没有多大差别，但它被认为是历史上众多野马中唯一生存至今的种类，对人类寻求生物进化规律、发展生物基因具有很高的学术价值。

早在19世纪以前，野马就以其极高的科学研究价值成为动物界的明星，达尔文正是从对南美洲缺乏原生野马现象的研究开始，写下了自己的不朽名著——《进化论》。从那以后，野马成为追踪进化链条、寻访生命之谜的重要物种。但是，由于森林被大片砍伐、草原被破坏等原因，古代曾广泛分布于地球的野马几近灭绝。正当人们为野马的消失而绝望时，事情又出现了转机。1878年，为俄国军队服务的波兰籍旅行家普尔热瓦尔斯基来中国探险时，在新疆罗布泊附近的一块绿洲边，意外地发现了一群正在吃草饮水的野马，一匹匹膘肥体壮，可爱极了。普尔热瓦尔斯基发现追不上这些野马，就拿枪打倒了两匹，费了好

□普氏野马

□普氏野马

大劲把它们拖回营地，再制成标本运回俄国。俄国的生物学家惊喜地发现，这种野马是"世界上一切野马之母"。俄国沙皇亲自将这种野马命名为"普尔热瓦尔斯基马"，简称"普氏野马"。

普氏野马被发现之后，西方国家对它产生了浓烈的兴趣，纷纷派出考察队、探险队，远涉中国新疆、蒙古大量捕获野马并运回国内。仅仅100多年的时间，普氏野马就遭遇了灭顶之灾！在蒙古境内，考察队最后一次见到野马的时间是在1969年，1971年仅有猎人见过单个野马，此后便销声匿迹了。我国先后多次对新疆地区组织科学考察，甚至出动飞机昼夜搜索，但仍然没能找到在野外生存的野马种群。大多数科学家认为，即使野外仍然有普氏野马存活，数量也已经太少，不足以形成种群、继续繁衍。因此从科学的意义上说，普氏野马作为一个物种，已经在自然界消失了。

1978年，在荷兰召开的第一次国际野马研讨会上，很多国家的专家对普氏野马的命运表示担忧。因为它在国外繁殖成活率一直很低，只有25%左右，而且存活于世界各地的普氏野马加起来也仅有几百匹。专家们担心普氏野马在地球上会永远消失，所以提议将它放回原生地——中国新疆。1986年8月14日，中国林业部和新疆维吾尔自治区人民政府组成专门机构，负责“野马还乡”工作，并在准噶尔盆地南缘、新疆吉木萨尔县建成占地600公顷全亚洲最大的野马饲养繁殖中心。随着18匹普氏野马先后从英、美、德等国运回，野马故乡结束了无野马的历史。

让普氏野马回到故乡，并不是人们的最终目的；让它回归自然，实现“野化”才是真正的目标。2001年8月28日，中国首次向野外放归了新疆野马繁殖研究中心自繁的27匹野马。经过对放归后普氏野马不间断地监测和观察，人们惊喜地发现，第一批放归的普氏野马已初步适应了野外生活，并成功繁育了4匹小马驹，成活率达到50%以上。2004年，第二批共10匹普氏野马又被放归大自然。但愿在人类的共同呵护下，这些矫健的生灵们能在蓝天绿野之间再次发展壮大。

知识链接

马

马是7000万年前恐龙在地球上消失以后才出现的。现代马是由身高不过30厘米的始马进化而来的。普氏野马不是现代马的祖先，但目前普氏野马在世界上仅存约1800匹，我国国内不超过300匹，是被视为比国宝“大熊猫”还要珍贵的世界濒危野生动物。

神秘的树懒

科普档案 ●动物名称:树懒 ●分布:中美和南美 ●特征:是严格的树栖者和单纯的植食者

树懒形状略似猴，产于热带森林中。动作迟缓，平时倒挂在树枝上数小时不移动，几乎丧失了地面活动的能力。毛发蓬松而逆向生长，毛上附有藻类，是唯一身上长有植物的野生动物。

在竞争激烈、弱肉强食的南美热带雨林里，每种动物都在为生存而“东奔西跑”，然而，却有这样一种动物每天有十七八个小时赖在树上悠然自得，它就是——树懒。

树懒的祖先是古生物学研究史上赫赫有名的大懒兽，这是1万年前全美洲仅次于猛犸、乳齿象的第三号陆地巨兽。它体大如象，整个身躯长达5~6米，体重3~4吨。它们的身体特征介于树懒与食蚁兽之间，头骨类似前者，而肢骨和椎骨类似后者。

大懒兽化石最早于1788年在阿根廷被发现，后来又陆陆续续在南美发现了许多，后来有一部分传到了著名的法国博物学家居维叶手上。19世纪初期，居维叶正致力于脊椎动物比较解剖学的研究，他将这批史前巨兽的化石仔细推敲比对，发现它们与树懒在牙齿特征与骨骼结构上非常类似，因此将之命名为美洲大懒兽。此后，大懒兽成为西方社会最早认识的古代灭绝哺乳

□大懒兽

□树 懒

动物之一。如今，曾经庞大的“懒”家族只剩下树懒了，不过，树懒从形态上已经没有了祖先的威风，它们的体重一般只有4~7千克，面部有点像猴还有点像熊，身子像猩猩。虽然有着与灵长类动物般的体形，但它的一举一动却异常迟缓，与灵长类动物的敏捷相差甚远。在自然界，行动慢就意味着死亡，可是树懒却奇迹般地生存繁衍了下来，这与它长年在树上不下来有关。

树懒靠吃树叶为生，而雨林里一年四季充满了树叶，所以树懒是深受其益绝对不必为吃发愁的。由于树叶水分多，环境又湿润，树懒也用不着下地饮水。懒惰的习性让树懒成为世界上唯一身上长有植物的野生动物。雨季里，它们的毛发上长满了绿藻，有时其间甚至还生活着小昆虫。绿藻和昆虫从树懒皮毛的分泌物中汲取营养，也为寄主涂上一层隐蔽色。树懒的不活动加上隐蔽术使得凌空盘旋的鹰很难发现它们。另外，它们的身体很轻，可以爬上细小的树枝，而食肉动物却无法爬上这样的细树枝。这也是树懒得以生存至今的原因之一。

树懒的四肢很长，每一个掌上都长有三根又硬又尖的利爪。这样的利爪生在树懒的四肢上，不是为了与其他动物搏杀，而是为了能让树懒紧握住树枝，头朝下一动不动长时间悬挂着睡觉。它是动物王国的睡觉冠军，平均每天睡眠十七八个小时，即使醒来也极少活动，称其为“懒”真是实至名归。最近，科学家通过测定树懒“睡眠”时的脑电图发现，它们有时竟然处于清醒状态，只是在“闭目养神”罢了。

长期的树栖生活，使树懒的身体结构发生了很大变化，已经不会走路了！在地面上，它们只能像大鹏展翅般伸开四肢爬行，靠前臂拉着身体向前移动。有人好奇地估算过，树懒在地上每小时只能走100米左右，就连被人追赶、捕捉时，其逃跑的速度也超不过每秒0.2米，比乌龟爬行还要慢。

树懒有时也下到地面上，而且是为了一种正常的生理需要：排泄。树懒虽然懒惰，但它从来不在树上排泄，每当要排泄时，它会用前臂抓住树枝，用悬空的后肢在地面挖一个小坑，然后直接便在坑里，再用四周的泥土覆盖，随即赶紧爬上树。除此之外，树懒还有一个令人费解的奇特习惯：雌性树懒要分娩时会离开它所生活的那棵树，再爬到另一棵树上生宝宝。树懒为什么非要到一棵新树上去分娩，至今仍是一个谜。

知识链接

树懒科

树懒科包括三趾树懒和二趾树懒两个属。三趾树懒前后肢均三趾，二趾树懒后肢三趾而前肢二趾。二者颈椎数目也不相同，其中三趾树懒颈椎9枚，是哺乳动物种最多的，而二趾树懒则和多数哺乳动物一样是7枚。有人将二者置于不同的科，树懒科只保留三趾树懒，将二趾树懒和已经灭绝的大懒兽类置于大地懒科。

可恶的老鼠

科普档案 ●**动物名称**:老鼠 ●**分布**:世界各地 ●**特征**:数量种类多,繁殖快,生命力强

老鼠是一种啮齿动物，种类、数量多并且繁殖速度快，生命力强。但糟蹋粮食，传播疾病，对人类危害极大。

在人类的宿敌之中,有一种小动物——老鼠。别看它个头不大,但人们一直以来都对它相当畏惧,因为它不但什么东西都咬,而且还会传播鼠疫。“老鼠过街人人喊打”这句俗语就表明了人们对老鼠的憎恶。

老鼠的种类十分繁多。常见的有褐家鼠、黑家鼠、小家鼠、黑线姬鼠、巢鼠、仓鼠、田鼠、鼢鼠、沙鼠、跳鼠等。在鼠类之中,有的可为人类利用,如小白鼠用来供人类进行医学试验,有些鼠皮可制成皮衣、手套、帽子等。有一种俗称“大飞鼠”的鼠,其粪便可入药,称为“五灵脂”。但多数鼠类,对人类来说,是一种灾难。它们危害农林草原,盗吃粮食,破坏庄稼、贮藏物、建筑物,并能传播鼠疫、流行性出血热、钩端螺旋体病等病原。人们用“恶贯满盈”来形容它,是再恰当不过了。

鼠疫是由鼠疫杆菌引起的一种烈性传染病。当一只老鼠死后,携带着大量细菌的鼠蚤便要寻找新的宿主, 这样便把疾病传给了健康的鼠群,再由鼠蚤的叮咬而传染给人类。患上鼠疫的病人,轻者引起淋巴炎,重者病原体侵入血液,引起败血症,并发肺炎,全身发黑,双眼凸出,痛苦地走向黄泉。而且,这种疾病流传极快,如不及时扼制,将会迅速蔓延,引起人员的大量死亡。世界上曾发生三次鼠疫大流行,第一次发生在公元6世纪,从地中海地区传入欧洲,死亡近1亿人;第二次发生在14世纪,波及欧、亚、非三大洲;第三次是18世纪,传播32个国家。据文献统计,死于流行性鼠疫的

人数，超过历史上所有战争死亡人数的总和。无怪乎人们惊恐地称这种疾病为“黑色妖魔”。

我国在明朝时爆发过鼠疫。当时，在鼠疫严重的地区，一户户人家全部死绝，有的地方一条街巷或一个县城死掉一大半。清代人师道南曾写过一篇题为《鼠死行》的诗，其中有“东死鼠，西死鼠，人见死鼠如见虎。鼠死不几日，人死如圻堵”的句子，形象地描述了鼠疫流行时纷纷死人的惨状，同时也说明了鼠疫在清朝时还十分猖獗。

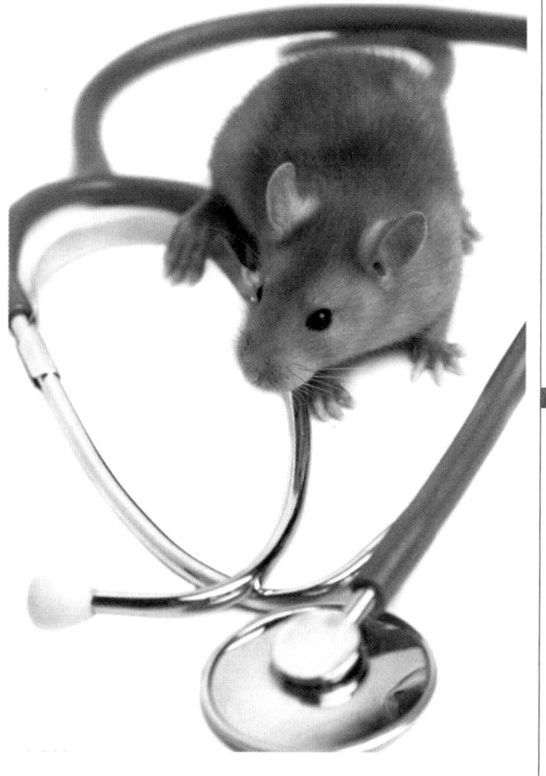

□老　鼠

老鼠的大量繁衍、滋生，是鼠疫流行的根本原因。它不仅曾经为人类带来过巨大的灾难，而且至今仍在同人类顽强地抗争。

老鼠的适应能力比人类强很多，它能在各种各样的环境中生活。沼泽、田野、森林、平原、河岸、山坡、岩石丛中……凡有立锥之地，都可以找到它的足迹。无论是干旱酷暑的沙漠，还是严寒冰冻的极地，都有它的居住之所。有位科学家曾经做过这样一次试验：他利用一次出国旅游的机会，前往印度抓住了一只住在山坡洞穴里的雌性老鼠；后来，又利用一次讲学的机会，前往美洲，在他居住的阁楼中抓住了另一只雄性老鼠。他将这两只老鼠带到了太平洋中的某个岛屿的椰树顶上。经过多年的观察，发现这两只老鼠不仅都能在树顶上生活，而且还能不断地繁殖后代，甚至几代都不下到地面上来。老鼠的适应环境能力，真是叫人难以置信！

一般说来，动物都有它的食性，如同牛羊吃草、虎豹吃肉那样，这叫天性。但老鼠对饮食却从不挑剔。凡是人能吃的，它都能吃；而人不能吃的东西，居然它也能吃。从树上的果子，到地上的庄稼，几乎什么都能食用。农民们用汗水换来的稻米、高粱、大豆、玉米、薯类、甘蔗……更是它嘴里的美味佳肴。

更为甚者，老鼠有着惊人的生殖能力。据估计，全世界共有40多亿只老鼠。有人认为，老鼠的寿命一般为8~15年。它能保持着如此庞大的数量，显然是得益于极为旺盛的繁殖能力。研究发现，母鼠能四季不断地孕育，每年平均生养3~6次，每次5~10只。由此推算，一对老鼠与它的后代1年能繁殖1.5万个后代。这是多么惊人的繁殖力啊！

为了对付这个不屈不挠的敌人，人类不断地发掘聪明才智攻击老鼠，但都遭到了鼠魔顽强而成功的对抗。为了解决这一令人头痛的难题，科学家们试验了各种各样的新式武器：用化学和放射装置，使老鼠不孕；用高频声响发生器，制造声障；用粘黏物，粘住入侵的老鼠；等等。这些办法的使用，虽能奏效于一时，鼠魔也只是暂且败退而已。要从根本上消灭鼠患，并不如此简单！

经过多年的科学实验，人类还没有找到彻底消灭鼠患的办法。但是，科学家们总结了一些基本经验：鼠患的严重程度与当地的环境状况有关，只有动员和组织群众，努力搞好环境卫生，才能使老鼠的数目永久减少，对人类的危害也相应减弱。看来，在与老鼠的斗争中，人类还不能自夸已占有了重大优势。

知识链接

鼠 疫

鼠疫这个困扰人类的恶魔，历史上曾经有过一度的控制，但这种瘟疫并没有绝迹。20世纪90年代以来，鼠疫再次在世界上开始活跃，我国的鼠疫疫情也呈现上升趋势。人类与老鼠的斗争还将不断地继续下去，应该相信，科学一定能够走在老鼠适应能力的前面。

北极之王

科普档案 ●**动物名称:**北极熊 ●**分布:**北极 ●**特征:**凶猛,行动敏捷,善游泳、潜水

北极熊是世界上最大的陆地食肉动物，栖居于北极附近海岸或岛屿地带。常随浮冰漂泊。性凶猛，行动敏捷，善游泳、潜水，视力和听力与人类相当，嗅觉灵敏。

我们知道,北极是一个冰雪的世界。但就是在那样一种严酷的环境下,北极熊、海豹、海象和北极角鲸以及鱼类等海洋动物仍非常活跃。作为北极的象征,北极熊是那里最大的陆地食肉动物,除人类外,它几乎没有对手,是当之无愧的“北极之王”。

雄性北极熊一般都2米多长,重约800千克。雌性北极熊体形约比雄性小一半左右。北极熊虽然周身覆盖着厚厚的白毛,但皮肤却是黑色的,这

□北极熊

□游戏的北极熊

从它们的鼻头、爪垫、嘴唇以及眼睛四周的皮肤上就能看得出来。北极熊的头较小,颈长而灵活,掌特别宽大,适于潜水和游泳。在它的掌下生有许多细毛,不仅有助于保暖,还可方便它们在冰面上行走。北极熊的视力和听力与人类相当,但它们的嗅觉极为灵敏,是犬类的7倍。

北极熊为食肉动物,主食海豹。每当春天和初夏,成群结队的海豹躺在冰上晒太阳时,北极熊会仔细地观察猎物,然后巧妙地利用地理形势,一步步地向海豹靠近。当行至有效捕程内,北极熊则犹如离弦之箭,猛冲过去。尽管海豹时刻小心谨慎,但等发现为时已晚,巨大的熊掌以迅雷不及掩耳之势拍下来,顿时脑浆涂地。

在冬天,北极熊又会以惊人的耐力连续几小时在冰盖的呼吸孔旁等候海豹,全神贯注,一动不动,犹如雪堆般,并会用掌将鼻子遮住,以免自己的气味和呼吸声将海豹吓跑。当千呼万唤的海豹稍一露头,“恭候”多时的北极熊便会以极快的速度,朝着海豹的头部猛击一掌,可怜的海豹尚未弄清发生了什么事情,便脑花四溅,一命呜呼。

对于那些躺在浮冰上的海豹,北极熊也有一套对付的方法。它会发挥自己游泳的专长,悄无声息地从水中秘密接近海豹,有时它还会推动一块浮冰作掩护。捕到海豹后,便会美餐一顿,然后扬长而去。北极熊的聪明之处还在于,在游泳途中若遇到海豹,它会无动于衷,犹如视而不见。因它深知,在水中,它绝不是海豹的对手,与其拼死拼活地决斗一场,到头来还是竹篮打水一场空,还不如放海豹一马,也不消耗自己的体力。

北极熊的肉是因纽特人最重要的食物来源之一,熊皮是当地居民的日常用品，用其制成裘服、鞋袜，为他们提供了最能保温的防寒物品。以前，因纽特人仅用弓箭和长矛等捕获北极熊，并且其人口很少，所捕获的北极熊数量也不多，因此对北极熊的生存并不构成威胁。由于利欲熏心，外地的捕熊船便应运而生，并定期开进北极海域，大肆捕掠，致使北极熊的数量急剧减少。

据统计，目前北极地区的北极熊已不超过20000只。平均每700平方千米的冰面，才有1只北极熊；而且随着北极石油资源的开发，先进的破冰船、飞机、潜艇等已进入北极，北极熊的生存受到了严重的威胁。为此，北极地区的国家在20世纪70年代签署了保护北极熊的国际公约。公约规定：严格控制买卖、贩运自然熊皮及其制品。

知识链接

北极熊面临溺毙险境

由于全球气温的升高，北极的浮冰逐渐开始融化，北极熊昔日的家园已遭到一定程度的破坏，猎物相应减少，另外，因为北极熊无法长时间待在海里，日益开阔的海面更增加了它们溺毙的危险。据科学家们估计，到2050年地球上的北极熊数量可能减少2/3。

扬子鳄的秘密

科普档案	●动物名称：扬子鳄	●分布：长江中下游	●特征：外貌像龙，体形细小，数量稀少

扬子鳄是中国特有的一种鳄鱼，也是世界上体形最细小的鳄鱼品种之一。现存数量稀少，是世界上濒临灭绝的爬行动物。在扬子鳄身上，至今还可以找到早先恐龙类爬行动物的许多特征。

鳄类是远古爬行动物的子孙，早在2亿年前就已经生活在地球上了。它们曾亲眼看见过恐龙灭绝时的悲惨景象，而自己却逃过了7500万年前发生的爬行动物大灭绝的大劫，一直延续至今。应该说，它是古老爬行动物中的幸运者之一。现在世界上约生活着25种鳄类，我国特有的珍稀动物扬子鳄是其中之一。

扬子鳄的身长约2米左右，是水陆两栖的爬行动物，喜欢栖息在人烟稀少的河流、湖泊、水塘之中。它大多在夜间活动、觅食。有意思的是，扬子鳄除了吃一些小动物，如鱼、虾、鼠类、河蚌和小鸟之外，还经常吞食石块，这是为什么呢？原来，扬子鳄的胃壁很厚，由3层平滑肌组成。当它强大有力的胃壁在舒张与收缩时，胃内的各种食物总处于不停的运动状态。而那些石头和砂粒，在食物中间挤、压、磨，不停地来回冲撞。这时，田螺、河蚌等硬壳食物，早已被胃酸侵蚀、软化。再经过石头的冲击、磨压，很快就成为粉状了。由此可见，扬子鳄吃石头，是为了让其帮助胃壁磨碎硬壳食物，使之尽快得到消化、吸收和贮藏。除此以外，鳄鱼吞食石块，还有增加体重、提高潜水能力的作用。鳄鱼腹中的石块，可以起到与轮船内的压舱物一样的作用，有了它，鳄鱼才能在水下稳妥地行动，不致被激流水浪冲跑。有趣的是，不论鳄鱼多大，它只吞食占它体重百分之一的石头，不多也不少。

扬子鳄不仅能在陆地上生活，连续不断地呼吸空气，而且也能像鱼儿那样生活在水中。那么,扬子鳄在水中是怎样进行呼吸的呢?扬子鳄的两肺,是可张可缩的。张时则较大,最大时如排球般大小。缩时则很小,犹如乒乓球的形状。这一张一缩之间,体积就相差有数十倍。平时,扬子鳄的两肺,只要灌满了空气,它就可以藏身水底数小时,而不用浮出水面进行呼吸。当其冬眠时,甚至可以连续几个月不用呼吸。所以,扬子鳄的呼吸,就在于它不是连续性的,而是出现了"通气期"和"不通气期"的两种机能。在通气期,扬子鳄进行正常的呼吸运动。在不通气期,则呼吸运动停止。正因为扬子鳄具备了这种异乎寻常的肺功能,才使它能像鱼儿一样,长时间地生活在水底下。扬子鳄奇特的呼吸功能使它多了种生存竞争的本领。

在扬子鳄的群体中,雄性为少数,雌性为绝对多数,雌雄性的比例约为5:1。这是什么原因造成的呢?动物学家们经过研究才发现:鳄的受精卵在受精的时候并没有固定的性别。在它的受精卵形成的两周以后,其性别是由当时的孵化温度来决定的。孵化温度在30℃以下孵出来的全是雌性幼鳄,孵化温度在34℃以上孵出来的全是雄性幼鳄,而在31~33℃之间孵出来的,雌性为多数,雄性为少数,如果孵化温度低于26℃或高于36℃,则孵化不出

□扬子鳄

扬子鳄来，扬子鳄的受精卵在孵化时大多在适宜孵化雌性的气温条件下，这就造成了雌多于雄的情况。

扬子鳄是世界目前现存20多种鳄当中,唯一的冬眠种。由于产地的冬季比较寒冷,气温可以低到零摄氏度以下,爬行动物适应不了,因此扬子鳄就进入冬眠。冬眠期,一般由每年10月下旬开始入洞休眠,一直到第二年4月中旬或下旬才出洞,将近半年的时间。

扬子鳄的性情比世界上别的鳄鱼都温和，而且它的经济价值很高,皮能制革,肉能食用,骨可制肥料,牙可制作装饰品,某些器官还能作补药,因此常常遭到人类的捕杀,野生扬子鳄一度到了濒临绝灭的程度。为此,我国早已把扬子鳄定为了国家一级保护动物并为它建立了自然保护区。

知识链接

扬子鳄

扬子鳄又名鼍，这早在商殷的甲骨文里就有记载了。古人常认为鼍是龙的一种，李时珍的《本草纲目》一书就将扬子鳄称为鼍龙。老百姓则将它称为土龙、猪婆龙。近年来，随着古人崇尚龙的遗迹不断出现，从而引发和激起了人们对龙的原型探讨的热情。在众说纷纭的观点中，有一种就是“龙即鳄鱼说”。

两栖寿星娃娃鱼

科普档案 ●**动物名称**:娃娃鱼 ●**分布**:长江、黄河及珠江中上游 ●**特征**:叫声像幼儿哭声

娃娃鱼又名大鲵，是世界上现存最大的也是最珍贵的两栖动物。因它的叫声很像幼儿哭声，所以被人们称为“娃娃鱼”。

在我国特产的珍稀动物中,有一种名叫大鲵的动物。据说它的叫声像婴儿的啼哭,故名娃娃鱼,可是动物园内养的娃娃鱼,至今尚未听到它的叫声;还有一种说法是因为大鲵四条又短又胖的腿,前脚有四趾,后脚有五趾,尤其是前脚连同它的四趾很像婴儿的手臂,因此有了“娃娃鱼”的称谓。

娃娃鱼其实并不是鱼,而是一种生活在淡水中的两栖动物,与青蛙、蟾蜍同属一个大家庭,在动物学上属两栖纲有尾目。目前,在世界现存的两栖动物中,数娃娃鱼个头最大。此外,它还是两栖动物中最有名的寿星,在人工饲养的条件下,能活130年之久。

据古生物学和古地理学的研究，自古生代泥盆纪开始出现两栖动物后，娃娃鱼逐渐繁盛起来,它的祖先在地球上分布很广,大约在距今4亿年前,北半球相当广泛的地区都有它的足迹。到目前为止大鲵最古老化石是在美国怀俄明州距今6000万年

□娃娃鱼

□娃娃鱼

以上的下始新纪地层中发现的，此外在欧洲、北美和亚洲等地区都有它们的足迹。然而随着历史的推移，地质的变迁，全世界现存大鲵仅有三种，除我国的娃娃鱼外，还有日本的山椒鲵和美国隐鳃鲵。

娃娃鱼的身体呈棕褐色，皮肤滑润无鳞，长有4只不大的脚；头扁圆而宽，口很大，并有许多细齿排列在上下颚上；眼睛很小，位于头部背方；此外还有一条左右侧扁的大尾巴，看上去有点像墙上爬着的壁虎，一般身长1米左右，体重5~6千克，最长的可达1.8米以上。

娃娃鱼一般生活在低山地区清澈、湍急、清凉的溪流中。“娃娃鱼”登陆后，步履艰辛行动极困难，如果遇到敌害，往往一筹莫展，只能束手就擒。它们在水中游得很慢，喜欢白天隐伏，夜间出洞活动，以水中的鱼、虾、蟹、蛙和水生昆虫为食。娃娃鱼不善于追捕，只是隐蔽在滩口的乱石间，发现猎物经过时，进行突然袭击。因它口中的牙齿又尖又密，猎物进入口内后很难逃掉。它的牙齿不能咀嚼，只是张口将食物囫囵吞下，然后在胃中慢慢消化。娃娃鱼有很强的耐饥本领，甚至二三年不吃也不会饿死。它同时也能暴食，饱餐一顿可增加体重的1/5。食物缺乏时，还会出现同类相残的现象，甚至以自己的卵充饥。娃娃鱼虽不怕冷，但也有冬眠的习性。每年从初冬到次年开春是它的冬眠期，这时它不吃也不动，但受袭击时仍有反应。

娃娃鱼是一种古老而原始的动物，其心脏构造特殊，已经出现了一些爬行类动物的特征。因此，世界各国的动物园和水族馆常以能展出娃娃鱼为荣。饲养娃娃鱼的人发现，娃娃鱼虽然长相丑陋，行动迟缓笨拙，但却比

较聪明。

娃娃鱼被养在玻璃槽内，人们用鱼、肉款待它。但是它忍受不了孤独寂寞。有时它趁主人不在的时候，偷偷爬出玻璃槽，到地面散散心。细心的主人偷偷跟踪它，发现它每次散步的路线都是同一条。从哪条路出去，还从哪条路回来。曾经发生过这样一件事儿：一天夜里，娃娃鱼突然不辞而别。惊慌失措的主人四处寻找它的下落，地洞、阴沟、草丛找了个遍，仍一无所获。主人心灰意冷，以为娃娃鱼不会回家了。谁想5天之后，这个顽皮的小家伙，竟然神出鬼没地又返回玻璃槽旁，仿佛出了一次差。

娃娃鱼肉质鲜美，含丰富的蛋白质和人体必需的氨基酸，是一种名贵的滋补品，无愧为盘中珍肴。此外，娃娃全身均可入药，可以用它治疗痢疾、贫血等症。因此，长期被人们大量捕杀。虽然国家已把它列为二级保护动物，但是，近年来偷猎现象仍时有发生。再加上野生娃娃鱼繁殖率很低，幼体生长缓慢，3年才长到20厘米长，体重不足100克。目前，它的数量大减，很多产区已经找不到它们的踪迹了。

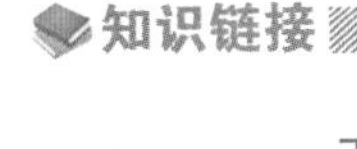

知识链接

两栖类动物的原始性

两栖类动物保留有很多原始性，它们产卵仍然要在水中孵化，幼体出生后也要在水中生活一段时间，即便是成体也不能长期待在干燥无水的地方，不时地需要进水中湿润皮肤，而皮肤也只有在水中才能起呼吸作用，因此它们并不能算是真正的陆生动物，而是陆生与水生动物之间的过渡类型。这类动物包括青蛙、娃娃鱼等，其化石代表是虾蟆螈。

企鹅新发现

科普档案 ●**动物名称**:企鹅 ●**分布**:南半球 ●**特征**:不能飞翔,身体为流线型,前肢成鳍状

企鹅是地球上数一数二的可爱动物，也是一种最古老的游禽，它们不会飞，只能在陆地上直立且笨拙地行走。

一提起企鹅，人们就会想到它们在冰天雪地里一摇一晃的可爱模样。然而，科学家最近公布了一项惊人发现,4200万年前已有企鹅生活在温度比现在高得多的赤道水域中。

古生物学家发现,在秘鲁南部海岸出土的一些化石残骸,属于一种巨型的热带企鹅。这种已经绝迹的企鹅身高至少达1.5米,就连目前生活在地球上的最大的企鹅——身高1.2米左右的帝企鹅,在它面前也只能算是个“小个子”。不仅如此,这种巨型企鹅还是目前所有已知水禽中鸟喙最长的。它拥有矛形长喙,长达18厘米,比头骨还要长出两倍多。这种喙更适于迅速捕捉鱼类,而不是享受微小的磷虾。不仅如此,远古企鹅还能潜到很深的水下,并能像现代“亲戚”那样在水面下优雅地“滑

□秘鲁巨型企鹅有1.5米高

翔”。据估计，这种巨型企鹅生活在距今大约3600万年前。

除了巨型企鹅之外，古生物学家还在秘鲁南部海岸发现了另一种已灭绝的热带企鹅种类。这种热带企鹅身高约0.9米，它们生活在约4200万年前的远古时期，是目前已知的最古老的企鹅种类之一。这两种企鹅的化石出土地点相距不远，它们是迄今为止发现的最完整的企鹅化石。新发现证明，早在4200万年前，企鹅就已在低纬度地区居住，时间比人们通常认为的要早3000万年，而且居住地点比人们想象的更靠近赤道。

□企　鹅

科学家认为，自从6500万年前恐龙灭绝之后，地球曾经历了一段历史上温度最高的时期。从大约3400万年前，即南极冰盖形成后，地球的温度才逐渐开始降低。研究人员认为，新发现的这两种企鹅是在地球上的不同区域分别进化的，后来才游到温度更高的赤道水域生活。研究人员相信，巨型企鹅曾在现在的新西兰附近生活，而较小的那种热带企鹅则起源于南极洲。

虽然从新发现的两种已经灭绝的企鹅种类能够看出，它们愿意离开南半球纬度较高的低温水域，前往水温更高的地方生活，但并不能因此得出结论说，现代企鹅也能适应目前的气候变化所导致的高温环境。

近几年来，据国外科学家统计，有7种生活在南极及其附近地区的企鹅数量出现了不同程度的下降，有些地方减少的数量高达25%。1975年南极地区企鹅的总数量在1.5万对以上,但目前仅剩下9000对左右。是什么原因引起企鹅数量迅速下降的呢?最初生物学家认为旅游者的增加破坏了企鹅生活区的宁静,使企鹅不能顺利地繁殖后代,也有人认为与大量捕捞南极鱼虾有关,还有人认为与海洋污染有关,这些理由虽说有一定的道理,但是对企鹅数量迅速下降的解释还缺乏说服力。通过几年的努力,最近人们才找到南极企鹅数量下降的真正原因,那就是气温上升。据统计,从1860~1996年间,全球平均气温上升了0.5℃以上,南极洲在近50年来气温上升幅度高达2.5℃,气候变暖加快了南极冰雪的融化速度,导致浮冰上的积雪融化,淹没了喜欢在冰雪上产卵和孵化的企鹅幼仔的场所,使小企鹅的出生率和成活率呈直线下降,从而导致企鹅总数减少。

知识链接

企鹅耐冷的原因

南极企鹅不怕冷是因为它们为了适应当地严寒的环境,其生理特征已经在漫长的进化过程中发生了相应的变化。例如它们的羽毛呈鱼鳞状,彼此重叠,厚厚的绒毛能容纳大量的气体,形成绝热的保护层,同时皮下脂肪十分厚,具有良好的保温性能。这一套特殊的生理构造,使它们能在零下数十摄氏度的低温环境下捕食、抚育后代。

水利专家海狸

科普档案 ●**动物名称**：海狸 ●**分布**：新疆、蒙古 ●**特征**：体形肥壮，门齿锋利，咬肌发达

海狸是世界现存最古老的动物之一，有动物世界“建筑师”和古脊椎动物“活化石”之称。

人类为了制服肆虐的河水，建造了各式各样的大坝，有一种动物生来就是建造大坝的“水利专家”，它就是海狸。

海狸也称河狸，是世界上最大的啮齿类哺乳动物，个头最大的有几十千克。海狸拥有水下生活所需要的最好装备，除了厚厚的皮毛外，它的后腿脚趾间长有蹼。另外，海狸还有一条多鳞的宽尾巴。由于这条独一无二的尾巴，200 多年前的人们还以为海狸是一种鱼。现在我们已经知道，海狸是水陆两栖兽类，为了保持其水陆两栖生活习性，它的巢洞都建筑于河岸边，但出入的洞口及隧道却在水下。巢室分上下两层：上层是居室，位于水平面上一点，里面温暖、干燥，住起来比较舒适；下层为仓库，位于水平面下边，供贮藏食物用。

□海 狸

海狸在筑巢时，常在陡峭的河岸上挖一条隧道，隧道是斜着向上走的。它们挖起土来动作很快，用前爪把土刨松，再用长着宽蹼的后爪把松土扒到身后，并逐渐把土推到洞外。海狸挖起土来全神贯注，一丝不苟，并有持久的耐力，可不间断地工作。当隧道挖到高于外面水位

后，便扩宽加大，修建成一个巢洞。

为了便于筑巢、游泳和潜水，海狸在筑巢时要求水要有一定深度。当水的深度不够时，海狸就修筑堤坝，拦截水流，以提高水位。筑坝需要大批的木材和石块，因此海狸多选择便于取材和运输的小溪或小河作为坝址。海狸的牙齿非常尖锐，几分钟就能咬断一棵小树；如遇上粗树干，它转着圈儿不停地咬，一只海狸咬累了，另一只海狸就替换它，一直到粗树干被咬断倒下为止。然后，再咬断树枝，叼着它游泳运输到坝址；叼不动的树干，便把它咬断成一段段短木，再齐心合力将短木拖到河中，借助流水把短木冲到坝址。

当材料备齐后，海狸便开始筑坝。它们在筑坝时，先把粗的树干横置于底层，再从下游方向，用带叉的枝干顶牢，上面再放上树枝，压上石块。主体工程完成后，再用一些细树枝、芦苇和其他细软材料混上粘泥，将坝上的缝隙堵住、压紧，直到完全不再漏水，这样堤坝就建成了。建成后的堤坝，迎水面陡而光滑，前面是一个大而深的水坑，这是海狸在筑坝时取泥挖成的，它可减缓水流的速度，从而对堤坝起到保护作用；堤坝背水的一面，则是纵横交错固定在河床和堤岸上的树枝。

海狸所建造的拦河堤坝大多都比较短、比较窄，但也有大型的，在苏联的沃龙涅什地区，有一座120米长的海狸坝；在密西西比河盆地的沼泽地区，曾有一座几百米长的海狸坝。更令人吃惊的是，在美国蒙大拿州的杰斐逊河上，有一座世界上最大的海狸坝，长达700米，坝上不仅可走行人，甚至可以骑马跑过，不过，这座大型海狸坝是一个海狸家族世世代代共同创造的奇迹。

知识链接

海　狸

海狸是一种非常珍稀的动物，野生种已濒临灭绝。我国海狸仅分布在新疆北阿尔泰地区的青河县和福海县境内的布尔根河、青格里河和乌伦古河流域。它的尾巴基部有两个腺囊，香腺发达，能分泌海狸香，是著名的四大动物香料之一，其他三种分别是麝产生的麝香、抹香鲸产生的龙涎香和灵猫香。

贝壳里的秘密

科普档案 ●**名称**:珍珠 ●**特征**:形状颜色各异,有不同程度的光泽,可做装饰或入药。

珍珠是海滨的蛤、珍珠贝和淡水的蚌等贝类的产物,是一种古老的有机宝石,同时又是名贵的中药材。

珍珠是一种古老的有机宝石,同时又是名贵的中药材。可是你们知道那些晶莹剔透的珍珠是怎样形成的吗?珍珠是海滨的蛤、珍珠贝和淡水的蚌等贝类的产物。

我们的祖先不仅爱珍珠,而且爱贝类。对海贝的捕获和利用,已有相当悠久的历史了。5万年前,人们就知道捕捉食用海贝了。在他们住过的洞穴中,发现一堆堆食用过的各种海贝的化石。4000多年前,我国古代人民就开始使用贝来做货币,汉字与价值有关的字,大多是“贝”字旁,如货、财、贵、赚、贮、贯、贸、资等。

虽然人类采捕、养殖珍珠的历史非常悠久,但在科学并不发达的古代,人们对珍珠成因的认识十分有限,于是便产生了有关珍珠来历的种种传说。在古印度,人们相信珍珠是由诸神用晨曦中的露水幻化而成;在古罗马神话传说中,珍珠是爱神维纳斯在充满泡沫的蚝壳中沐浴后,其身上滴下的水珠凝结成的;波斯的神话则认为珍珠是由诸神的眼泪变成的;中国民间也有“千年蚌精,感月生珠”“露滴成珠”等说法。

关于珍珠的成因,大约从16世纪中叶开始才逐步脱离神话故事的影响。随着对珍珠研究的不断发展,不同时期的学者先后提出了有关珍珠形成的各种说法。人们起先认为珍珠是类似肾脏结石的贝病的产物,而后又认为是由于体液过剩或一部分卵留在体内造成的,也有人认为是沙砾进入贝体，最终形成了珍珠。到了18世纪，人们逐渐认识到形成珍珠的物质所具有的性质和贝壳相同，珍珠就是球形的贝壳，它们的形成过程是一致的。

19世纪，随着生物科学特别是实验生物学的不断发展，科学家们终于逐步搞清了珍珠形成过程中的一些细节问题。原来，贝类动物的贝壳内软体部主要由外套膜、内脏团等组成，外套膜位于体之两侧，与同侧贝壳紧贴，构成外套腔。当蚌壳张开的时候，如果恰好有沙粒或寄生虫等异物进入蛤、蚌那坚硬的小房子，处在了外套膜与贝壳中间，没办法把它排出来，沙粒等异物就会不断刺激该处的外套膜，就如同人的眼睛被灰尘迷了一样，使得又痒又痛。则该处外套膜的上皮组织就会赶快分泌出珍珠质来把它包围起来，形成珍珠囊，包了一层又一层，久而久之，就在沙粒等异物外面包上一层厚厚的珍珠质，于是就形成了一粒粒圆圆的漂亮的珍珠了。另外一种情况，则是蛤、蚌自己的有关组织发生病变，导致细胞分裂，接着包上自己所分泌的有机物质，渐渐陷入外套膜，自然而然地形成了珍珠。

由于珍珠非常贵重，天然形成的珍珠比较少，不能满足需要，所以人们

□珍　珠

就运用了自然成珠的原理,开发了人工养殖珍珠事业。在养殖场里,人们把一些贝类养大后,在外套膜结缔组织内插入用蚌壳制成的核,核上并覆以一片外套膜小片,经过一定时间,就生成了人工培育的珍珠。

□珍珠蚌

虽然经过一代又一代人的努力,人类对于贝类动物以及珍珠都有了深入的了解,但对于珍珠成因的微观研究和环境条件影响珍珠形成过程的综合研究尚有很多需要开展的工作。也许在不久的将来,我们会在这小小的贝壳中发现更多的秘密。

知识链接

珍　珠

珍珠有海水珍珠和淡水珍珠之分。海产贝类中能产优质珍珠的共有 30 余种。现在世界上作为高档珠宝首饰用品的珍珠,大部分是以马氏珠母贝作为母贝养殖的珍珠。全世界的淡水贝类有 1000 多种,但能够能用来培育淡水珍珠的贝类种类不多,其中三角帆蚌生长的珍珠质量较好,是目前国内最主要的人工养殖对象。

鸵鸟的本领

科普档案 ●**动物名称**:鸵鸟 ●**分布**:非洲 ●**特征**:体形巨大,不会飞但奔跑得很快

鸵鸟是非洲一种体形巨大、不会飞但奔跑很快的鸟，特征为脖子长而无毛、头小、脚有二趾。鸵鸟是世界上存活着的最大的鸟。

在人们的印象中,鸟都有翅膀,能在蓝天下自由翱翔。但鸟类中其实也有只善于快速奔驰,而不能飞翔的一些类群,它们被称为走禽。走禽中最为著名的当属鸵鸟。

□鸵　鸟

鸵鸟原产于非洲,故又名非洲鸵鸟。它是世界上最大的鸟类,雄鸟高可达 2.75 米,重达 155 千克。鸵鸟是一种原始的残存鸟类,它代表着在开阔草原和荒漠环境中动物逐渐向高大和善跑方向发展的一种进化方向。与此同时,其飞行能力逐渐减弱直至丧失。进化至今的鸵鸟已经具备了很多会飞鸟类不具备的特长:它的足趾因适于奔跑而趋向减少,是世界上唯一只有两个脚趾的鸟类。它跳跃可腾空 2.5 米,一步可跨越 8 米,冲刺速度在每小时 70 千米以上。

非洲鸵鸟大多生活在撒哈拉

大沙漠中的草地以及平原、山谷和低矮的灌木区。这些地方多宽广无边，很少有高大树木，这就意味着毫无遮拦。因没有遮挡，所以，鸵鸟们很容易被敌害发现而被追踪。它们如果要想躲开追捕，就必须跑得比敌害快很多。长此以往，鸵鸟们逐渐练就了一双强有力的双腿，双脚也练得十分强健，而且脚趾下面还有厚厚的肉垫，非常适宜在炎热的沙土上奔跑，无论沙子被太阳晒得多烫，也不会烫坏鸵鸟的脚。鸵鸟凭借着它的这双强有力的腿，不仅跑得快，而且它还可以用双腿当武器，它只要用力一踢，甚至可以致狮、豹等猛兽于死地。

□为了避敌，鸵鸟有时会把头埋入沙子中

鸵鸟虽然是名副其实的飞毛腿，即便如此，它们也有被劲敌追赶无法脱身的时候，据说此时，它们就会把头埋进沙子里，以为自己什么都看不见，就会太平无事。对于此说的真实性，众说纷纭。实际上，鸵鸟在被敌害追赶时，有时确实会伸长脖子，紧贴地面而卧，甚至把头钻入沙中，但如果认为这是鸵鸟无可奈何，不敢见敌人则是大错特错了，鸵鸟的这种举动实际上是为了有效避敌。在天热时，若你遥望远处的路面，会感到有很薄的空气在闪闪发光。这是因为从地面上升的热气与空中的冷气相遇时，阳光在这两种空气中交接的地方发生散射现象形成的。如果盯住这些闪光的地方，就看不清它后面的东西。鸵鸟生活的地区大都是沙漠地带，天气极其炎热，上述的那种“闪光”现象比比皆是，使人眼花缭乱，无法分清地面上的物体。虽然鸵鸟在遇到敌害时可以高速奔跑，但沙漠地区炎热干燥，水源缺乏，长久迅跑对它是不利的。于是它就蹲下来，把高大的身子趴在地上，把脖子放平，将头藏在地面或双翅下，利用闪闪发光的薄气的掩护，对手就很难发现它。鸵鸟的这种避敌方法在广阔的沙漠地带，既省力又安全，是一种相当聪明的保身方法。

鸵鸟的睡眠也非常有意思，它们每夜大约睡 7~8 小时，即使这时它们也处于警戒状态。研究人员发现，鸵鸟睡觉时，每晚总有几分钟的时间，两腿向右侧伸展，与身体成一个角度，头部与颈部柔软无力地搁在地上。此刻，连强烈的光亮和大声喧闹也不能惊醒它们，这就是“鸵鸟的深眠”。据测定，鸵鸟每晚平均深眠时间只有 9 分钟，这可能与它们常遭狮子等敌害袭击有关。看来，不会飞的鸵鸟为了能在弱肉强食的动物圈里生存下来，还真的是煞费苦心啊！

知识链接

走　禽

走禽的共同特征是：胸骨的腹侧正中无龙骨突，动翼肌退化，翼短小翅膀退化，但脚长而强大，下肢发达。历史上已经灭绝的走禽包括恐鸟、奔鸟和象鸟。至今幸存的走禽除了鸵鸟外，还包括鸸鹋、食火鸡、新西兰几维鸟等为数不多的几种。

美国国鸟白头海雕

科普档案 ●**动物名称**：白头海雕 ●**分布**：美洲 ●**特征**：外形美丽，目光敏锐，性情凶猛

白头海雕是外形美丽、性情凶猛的大型猛禽。嘴、爪十分锐利，目光敏锐，在展开双翅凌空翱翔时，总是那样威风凛凛。

鸟类是人类的朋友，国鸟是一个国家和民族精神的一种象征。因此，那些被选定为国鸟的一定是为这个国家人民所喜爱的、珍贵稀有的特产鸟类或具有重要价值和意义的鸟。国鸟的评选，距今已有200多年的历史。美国是世界上最先确定国鸟的国家，他们的国鸟是外貌美丽但性情凶猛的大型猛禽——白头海雕。

白头海雕属于海雕及鱼雕家族，只生活于北美洲，是最大的雕类之一。一只完全成熟的成年海雕体长可达0.92米，体重可达4.5~18千克。和大部分食肉猛禽一样，白头海雕的雌雕比雄雕个头要大，其中的原因有许多种可能。有些生物学家认为，雌雕的大个头能让它们更好地守护自己的巢、蛋和小雕。个头较小的雄雕翱翔起来更为轻松，因此它们更能守护好自己的地盘。雌白头海雕的翼展长达2.3米，雄白头海雕的翼展却仅有1.8米。

□美国国鸟白头海雕

野生白头海雕的寿命最长可达30年，但其平均寿命约为15~20年。白头海雕实行终身配偶制。但是，如果夫妻中的一个先行死去

□白头海雕

的话，存活下来的一只会毫不犹豫地接受另一个新的配偶。白头海雕常在河边或海岸的大树上建巢，并且年复一年地使用和扩建同一个巢。有些巢最终直径可达2.75米，重可达2吨。典型的雕巢直径约为1.53米。在巢中，雌性白头海雕通常会一次产下两枚卵，并孵化约35天。有时两只小雕都能够存活，但大多数情况下，较大的雏雕会将较弱的一只杀掉。

白头海雕因为体态威武雄健，又是北美洲的特产物种，而深受美国人民的喜爱，因此在独立之后不久的1782年6月20日，美国总统克拉克和美国国会通过决议立法，选定白头海雕为美国国鸟。无论是美国的国徽，还是美国军队的军服上，都描绘着一只白头海雕，它一只脚抓着橄榄枝，另一只脚抓着箭，象征着和平与强大武力。

白头海雕被定为美国国鸟的时候，美国本土除了阿拉斯加州以外，一共大约有10万只白头海雕。但是美国建国后持续不断的国土开发，使白头海雕的栖息地迅速减少，过分捕猎更导致白头海雕数量进一步下降。1940

年，美国国会通过了白头海雕和金雕保护法案，禁止捕杀和买卖白头海雕，并在民间加强了保护白头海雕的宣传。这项法律颁布后，白头海雕的数量在 20 世纪 40 年代初在很多州都有所回升。

第二次世界大战以后，美国在农业生产中开始大量使用 DDT（双对氯苯基三氯乙烷）等农药。这些农药通过食物链进入白头海雕的体内，使白头海雕的蛋壳变软，因此无法孵出小鹰。另外，人类活动造成的白头海雕栖息地缺失更加重了对白头海雕的威胁。到了 1963 年的时候，美国大陆地区仅剩下 417 对筑巢的白头海雕。

为了保护白头海雕不至灭绝，美国政府采取了种种措施，包括禁止使用 DDT；在白头海雕保护区内加强执行鸟类保护法以及采用人工孵化繁殖等。由于措施得力，到 2003 年，美国大陆地区的白头海雕数量达到了 7000 多对，已经退出了濒危物种之列。

知识链接

国　鸟

1960 年，第 12 届国际鸟类保护会议的与会代表，建议世界各国都选出本国的国鸟。目前世界上已有 40 多个国家确定了国鸟。其中的很多国家选择了鹰、雕、隼、鹫等猛禽作为国鸟。我国以特产的红腹锦鸡作为中国鸟类学会的会徽，还没有定出国鸟。

森林医生啄木鸟

科普档案 ●**动物名称:**啄木鸟 ●**分布:**四川、云南、福建 ●**特征:**能够站立在垂直的树干上

啄木鸟是著名的森林益鸟，除消灭树皮下的害虫如天牛幼虫等以外，其凿木的痕迹可作为森林卫生采伐的指示剂，因而被称为森林医生。

森林害虫是树木的大敌,轻者树叶掉落,重者树干枯死。如何治疗呢?轻者打打药可治愈,重者即使打药也无济于事,因为有些害虫钻入树皮下或树干中,用药也难以除治。此时啄木鸟却有特别高超的技术,帮助人们做不能完成的工作,消灭树干内的害虫。据统计,一只啄木鸟一天可以吃掉农药喷不到的树中心的300~500只天牛虫、金龟子等害虫,能够保护30多公顷林地,真可称得上“森林医生”。

□啄木鸟被誉为“森林医生”

啄木鸟是常见的留鸟,在全世界共有210种,我国有29种。最为常见的是绿啄木鸟和斑啄木鸟。春天到来的时候,雄啄木鸟会发出响亮的叫声,那是它们在扩张自己的地盘,警告其他鸟不得侵犯。这些叫声往往因为树洞的共鸣而特别响亮,其他季节啄木鸟显得特别安静。

啄木鸟不像别的鸟儿是

□啄木鸟

站立在树枝上的，它是攀缘在直立的树干上的。一般的鸟类都足生四趾，三趾朝前，一趾向后；而啄木鸟的四趾，两个向前，两个向后，趾尖上都有锐利的钩爪，它的尾呈楔形，羽轴硬而富有弹性，攀爬时成了支撑身子的支柱。这样，啄木鸟就可以有力地抓住树干不至于滑下来，还能够在树干上跳动，沿着树干快速移动，向上跳跃，向下反跳，或者向两侧转圈爬行。

啄木鸟好比一个锤子不停地快速敲打坚硬的树木，不仅通过啄木觅食，而且在树干中挖洞建巢。啄木是啄木鸟最主要的活动之一，它啄木的次数一天可达 1.2 万次，频率达到每秒 20 次。一位科学家用特种电影摄像机获得了一个惊人的发现：啄木鸟啄树的时候，它的嘴移动速度为每秒 555 米！比空气中的音速还要快 1.4 倍；而头部摇动的速度则更快，每小时大约可达 2080 千米，比子弹出膛时的速度快 1 倍多。啄木时，头部所受的冲击力相当于所受重力的 1000 倍。啄木鸟啄木时头部受到如此大的冲击力，却安然无恙，不会发生脑震荡，这是为什么呢？科学家们对啄木鸟的头部进行

□象牙嘴啄木鸟

了解剖分析，终于找到了其中的奥秘。原来，啄木鸟的头部有着一套严密的防震装置。

啄木鸟的大脑比较小，体积小的物体的表面积相对就比较大，施加在上面的压力就容易分散掉，因此它不像人的大脑那样容易得脑震荡。啄木鸟在啄木时，敲打方向十分垂直，可避免因为晃动出现的扭力导致脑膜撕裂和脑震荡。

啄木鸟还进化出了一系列的保护大脑和眼球免受撞击的装置。它的头骨很厚实，但是骨头中有很多小空隙，有点像海绵，可以减弱震动。大脑表面有一层膜叫软脑膜，在它的外面还有一层膜叫蛛网膜，两层膜之间有一个腔隙叫蛛网膜下腔。人的蛛网膜下腔充满了脑脊液。但是啄木鸟的蛛网膜下腔很窄小，几乎没有脑脊液，这样就减弱了震波的液体传动。

啄木鸟的下颚底部有软骨，可以缓冲撞击。它的下颚是由一块强有力的肌肉与头骨联结在一起的，在撞击之前这块肌肉快速收缩，也起到了缓冲作用，让撞击力传到头骨的底部和后部，绕开了大脑。

啄木鸟的眼睛结构也十分巧妙。高速摄像表明，在撞击之前的一瞬间，啄木鸟眼睛的瞬膜会快速闭上，既避免了撞击溅出的木屑伤害眼睛，又像一个安全带一样把眼睛裹住，免得眼睛蹦出来。它的眼睛中的脉络膜用一种黏多糖填满空隙，能起到缓冲作用。在鸟类眼睑上有一个像梳子一样的梳膜，可能也能起到防震作用，因为它一旦充血，就能暂时提高眼内压力，保护晶状体和视网膜。

最奇妙的是啄木鸟的舌头。它的舌头极长，从上颚后部生出，穿过右鼻孔，分叉成两条，然后绕到头骨的上部和后部，经过颈部的两侧、下颚，在口腔中又合成一条舌头。这样的舌头就像一条橡皮筋，能够射出喙外达10厘米。显然，这条长舌头的主要用途是为了把虫子从洞中钩出来，但是在每次啄木之前舌头收缩的话，就能吸收撞击力，也是一个很好的缓冲装置。

啄木鸟如果发现树干的某处有虫，就紧紧地攀在树上，头和嘴与树干几乎垂直，先将树皮啄破，将害虫用舌头一一钩出来吃掉，将虫卵也用黏液粘出。当遇到虫子躲藏在树干深部的通道中时，它还会巧施“击鼓驱虫”的妙计，用嘴在通道处敲击，发出特异的、使害虫产生恐惧的击鼓声，使害虫在声波的刺激下，晕头转向，四处窜动，往往企图逃出洞口，而恰好被等在这里的啄木鸟擒而食之。它们一般要把整棵树的小囊虫彻底消灭才转移到另一棵树上，碰到虫害严重的树，就会在这棵树上连续工作上几天，直到全部清除害虫为止。

知识链接

啄木鸟

啄木鸟是生物巧妙地适应环境的典型例子。达尔文在《物种起源》的引言中便是以啄木鸟为例，说明只有自然选择才能解释生物的适应性。啄木鸟的身体构造是在自然选择作用下长期进化的结果，研究它是如何巧妙地避免撞击带来的身体损伤，对于改进防止人类大脑损伤的保护设备不无启发。

旅鸽的悲惨命运

科普档案 ●**动物名称:**旅鸽 ●**分布:**美洲 ●**特征:**形似斑鸠,群居

旅鸽曾经是世界上最常见的一种鸟类，过去曾有多达 50 亿只旅鸽生活在美国。后来据推测由于被人类大量食用，于 1914 年灭绝。

鸟类从侏罗纪晚期出现至今已经有 1 亿多年的历史了,在这段漫长的进化历程中,新的物种不断产生,古老的物种相继灭绝。据古生物学家根据化石记录估计,在从古至今曾经出现过的全部鸟类中,大约有 90%的物种都已经灭绝了,绝大多数我们只有通过化石才能了解它们。但也有些鸟类是由于人类的捕杀等原因在近代才灭绝的,旅鸽就是一个著名的代表。

旅鸽是一种体形较大的候鸟，体长一般为 35~41 厘米，重 250~340 克。它们原分布于北美洲的东北部，秋季向美国佛罗里达、路易斯安那州和墨西哥的东南方迁徙。从表面上看,旅鸽和普通的鸽子非常相似,不过,它的后背是灰色的，而胸前的颜色又是鲜红色的。所

□旅 鸽

□旅鸽是早期不受控制的狩猎行为的受害者

以，它看上去比鸽子要漂亮。旅鸽的另外一个特点就是数量繁多，喜欢成群飞行和栖宿，最大的旅鸽鸽群数量甚至可达2亿只。

当早期的殖民者刚踏上北美大陆时，这里有50多亿只旅鸽。此后，由于旅鸽肉味鲜美，开始遭到人们大规模的围猎。1805年，纽约一只鸽子的价钱为2美分。当时的美国，旅鸽被视为奴隶和佣人的食物。职业猎人捕捉了大量的旅鸽，而这些食材最后大多都被送往美国东部城市成为餐厅菜单上的一项。

由于旅鸽一次只下一颗蛋，因此一旦数量开始减少，就需要再花一段时间来重新恢复族群大小。19世纪中期，大众开始注意到旅鸽的处境，他们的族群数正快速下降。即使大家都知道这种情况，但是密歇根州的猎人每年还是向市场提供300万只旅鸽！此外，由于土地开垦、森林破坏等原因，到19世纪末，人们已很难见到稍大些的旅鸽鸽群了。1900年，最后一只野生北美旅鸽被贪婪的猎人打死了。人们怎么也不相信，那满天飞翔、到处可见的旅鸽，真的这么快就绝种了。美国政府发出悬赏，谁要是找到一只旅鸽，可以得到奖金1500美元。然而，直到今天，没有一个人得到这笔赏钱。1914年9月1日下午，最后一只人工饲养的叫“玛莎”的雌性旅鸽在美国辛辛那提动物园中死掉,代表着旅鸽从此在地球上销声匿迹了。当时许多人围在它的身旁掉下伤心的眼泪,因为人们从此再也看不到这种美丽可爱的动物了,再也看不到它们迁徙时成千上万的壮观景象了。“玛莎”后来被制成了标本送进国家博物馆。人们为它树起纪念碑,碑文充满自责与忏悔:“旅鸽,作为一个物种因人类的贪婪和自私,灭绝了。”

现在,仍有许多野生动物像旅鸽一样被作为开发利用对象而遭灭顶之灾。象的牙、犀的角、虎的皮、熊的胆、鸟的羽、海龟的蛋、海豹的油、藏羚羊的绒……更多更多的是野生动物的肉,无不成为人类待价而沽的商品。让人痛心的是,虽然生态危机正在发生,人类对动物的屠杀却没有停止。所以说,抵制野生动物交易,是一场人类良知和商业利益的战争。

知识链接

多种鸟类面临灭绝危机

现在,全世界 9775 种鸟类中已有 1212 种濒临灭绝。这一数字相当于所有鸟类的 1/8, 其中 179 种鸟类面临严重威胁,344 种面临高度灭绝危机,另外 688 种目前已经非常罕见。根据调查和估算,每消失一种鸟类,意味着与它伴生的 90 种昆虫、35 种植物、2~3 种鱼类随之消失;同时,每两种鸟类消失,必然会有一种哺乳类动物随着绝迹。

峨眉白鹇的发现

科普档案 ●**动物名称:**峨眉白鹇 ●**分布:**四川 ●**特征:**体态娴雅、外观美丽

白鹇翎毛华丽、体色洁白，因为啼声喑哑，所以也被称为“哑瑞”；在中国文化中自古即是名贵的观赏鸟。

白鹇是一种大型雉类,因其体态娴雅、外观美丽,自古就是著名的观赏鸟。至少在1000多年以前,我国人民就开始饲养白鹇,而且是把白鹇的卵捡回来,让家鸡孵化,原来,家鸡和白鹇是雉科大家庭中的两姐妹。白鹇在世界上共有14个亚种,我国有8个,其中主要分布于四川的峨眉亚种是由我国著名鸟类学家郑作新发现的,被称为“峨眉白鹇”。

峨眉山是我国著名的旅游胜地,也是我国佛教的四大名山之一。这里山峦迭秀,林木茂盛,气候温和,风景秀丽,一年四季游客不断。这里的生物资源也很丰富,因此吸引了不少专家来考察。1960年春天,郑作新来到峨眉山考察。一天,郑作新来到一位老乡的小茅屋休息。在茅屋的一个角落里,郑作新发现了一只美丽的鸟。他仔细一看,不由得怔住了:原来,这是一只少见的雄性白鹇!它的头顶仿佛戴着一顶华贵的帽子,红红的冠子后面,披着几绺蓝黑色的羽毛，闪烁着宝石般的光泽;腹部的羽毛是蓝黑色的,跟背部和翅膀形成鲜明的对比。最引人注目的是那几根

□鸟类学家郑作新

□白　鹇

长长的白色尾羽，使它的身体显得修长而又俊美。郑作新知道，白鹇是受国家保护的珍稀动物，共有13个亚种，都生活在我国的云南、广东、广西、海南岛以及东南亚的柬埔寨、越南的热带或亚热带地区的高山竹林里，峨眉山从来没有发现过。于是他感到奇怪：这只白鹇是从哪里来的呢？该不会是游客从外地带来"放生"的吧？

在以后的几个月里，郑作新和他的助手们在这一带山区中又捉到了几只白鹇。这说明，它们不是被人从外地带来的，而是在峨眉山土生土长的，是地地道道的"本地居民"。可是进一步想，峨眉山的白鹇和生活在南方的白鹇有什么不同呢？它们之间又有什么联系呢？许多问题在郑作新的脑海里回旋。

考察结束了，郑作新带着白鹇的标本，回到北京，把它们放在自己的标本桌上，与南方等地的白鹇反复比较。他发现虽然采自峨眉山的白鹇雄鸟的尾羽同其他产地的一样，都是白色的，但在大面积白色尾羽覆盖下的外侧3对尾羽完全是纯黑色，而其他产地的却是白色中杂着一些黑色的细纹。另外，采自峨眉山的白鹇雄鸟还有肩羽的黑纹比较粗，后颈部微具细纹，背部羽毛的黑纹也稍粗，并且在羽端处似乎呈折断的波状等特点。这些足以说明分布于峨眉山地区的白鹇为一个新的亚种，于是，郑作新把这种白鹇命名为"峨眉白鹇"。这样，白鹇一共有14个亚种了。

郑作新把这个发现写成论文，和有关的同志联名投登《动物学报》。论文发表后，郑作新还把它寄给了民主德国的著名鸟类学家施特斯曼教授。国际学术界确认了这个发现。几年以后的一天，郑作新突然接到了美国芝加哥博物馆鸟类研究室主任特雷勒教授的一封信。信中说，早在1930年，就有一个名叫史密斯的鸟类学家，在峨眉山采到一些峨眉白鹇。他还把一些标本带回芝加哥博物馆。遗憾的是，史密斯不曾作细致的研究，没有发现它和南方的白鹇有什么不同。一直到了20世纪60年代，特雷勒教授对这些标本进行研究时，才发现了这些白鹇的独特之处，并且做出了和郑作新完全相同的结论。特雷勒教授认为，这个新的亚种产在中国，应该用中国人的名字来命名，而在当时的中国鸟类学家中，最有名望的是郑作新教授，因此给它定名为"郑氏白鹇"。特雷勒教授把自己的论文寄给英国的一份鸟类学杂志，而这个杂志的编辑部又把文稿转寄给施特斯曼教授审查。这是一个多么有趣的巧合！施特斯曼教授看过以后认为，郑作新的发现和命名都比特雷勒要早，所以按照国际上有关动物分类及命名的规定，这个新发现的白鹇亚种还是采用了郑作新所定的名称，叫作"峨眉白鹇"。

知识链接

雉　科

雉科在生物分类学上是鸟纲中的鸡形目中的一个科。雉科又分为鹑和雉两大类，一共有26属166种，我国有其中的21属49种，其中大约1/3是我国的特产种。雉类包括雉族、眼斑雉族和孔雀族。鹑类体形通常比雉类小，但种类更多。

带翅膀的通信兵

科普档案 ●**动物名称**:鸽子 ●**分布**:世界各地 ●**特征**:善飞行,翅长,飞行肌肉强大

鸽子是一种常见的鸟，人类很早就意识到鸽子在军事上的意义，使其服役于军队、效命于疆场。在历次战争中，军鸽都发挥了重要的作用，并涌现出不少军功卓著的“鸽子英雄”。

鸽子在动物分类上是鸟纲鸡鸽科鸽属动物的总称。人类驯鸽至少已有4000多年的历史了。由于鸽子具有归巢的习性,放飞近千千米也能“回家”,自古以来,就广泛地用于军事通信,被誉为带翅膀的“通信兵”。

大约公元前2000多年，古罗马恺撒大帝的将军们在战争中已开始使用信鸽。相传中国远在楚汉相争和张骞出使西域的时候,鸽子就被用来传递信息了。在交通和通信不便的古代,城市的商人也常把鸽子作为互通行情的工具。那时的航海者在远航时,也免不了要带上几只鸽子,用它们来传递家信和报告归期。

1870年普法战争时,巴黎被德军包围,与外部的联系完全断绝。但这一期间巴黎与法国各地的通信一直保持到最后，就是由信鸽一手承担的。随后,法国人民对此很受感动,从而热衷于饲养信鸽。在第一次世界大战期间,信鸽曾为交战双方做出不少贡献,第二次世界大战中发挥了更大的作用。

德国是世界上建立军鸽最早的国家,第一次世界大战期间,德国许多城市都有相当数量的军鸽房,每个鸽房可容纳400只军鸽。在战争中经常会发生电话线路被炮火摧毁,无线电通信也因气候恶劣、地形险阻不能畅通的情况,这时优秀的军鸽就大显神威,将重要的军事情报迅速送到目的地。

英国空军于1916年建立拥有11万只军鸽的军鸽团。1936年成立了全国信鸽学会，到第二次世界大战前已为英军培育了20万只优秀信鸽并为

驻英美军提供了5万只信鸽。英军的军鸽被分配到各种战斗机上以及陆军情报部门。当时每名英国伞兵胸前带有一个圆筒军鸽笼，这种装备成为英国伞兵标准装备。

美国于第一次世界大战后先后在新泽西、南卡罗来纳一些地区建立了数所军鸽学校，培养出大批驯鸽人才和军鸽。美国军鸽事业发展极为迅速，军鸽部在一位将军领导下，不仅在本土建立了许多大型军鸽场，还在北非、意大利、英、法、德、缅甸、印度、冲绳岛建了军鸽场。为了适应战场的需要，美国军鸽房可以移动，无论这种房盖涂有特殊标记的鸽房移到何处，军鸽返巢时都能识别出来。一次，一批美军越过前线进入敌人阵地，被敌人重重包围，粮食、军火即将用完，通信联络也已中断，当时这批美军只剩下一只叫作“爱咪”的军鸽，他们将求援的一线希望寄托在这只军鸽身上，当“爱咪”携带情报起飞后，先在它所栖息的鸽房上空盘旋几周，似乎要认清自己的基地似的，然后在炮火掩护下，勇敢地向目标飞去，顺利地完成了任务，然而“爱咪”的胸部和腿都受了伤。“爱咪”这次飞行立了大功，主人精心为它治疗，死后将它的“遗体”放在军鸽博物馆中。美军为数百只像“爱咪”那样立下战功的军鸽建立了详细战功档案，“遗体”都放在博物馆中。

今天，人类虽然进入了卫星通信的时代，世界各国信鸽的数量仍有增无减。据有关资料介绍，仅保持4万现役军人的瑞士，在军队中服役的鸽子达4万余只，与其军队人数的比例几乎是一比一。

知识链接

鸽子的磁石

鸽子是怎样标定准确的方位的？许多科学家对这个谜进行了大量研究。1978年，美国科学家发现在鸽子的头部有一块含有丰富磁性物质的组织——磁石。它不仅能靠太阳指路，还能根据地球磁场确定飞行方向。因此，即使远在千里之外，依然能重归故土，从不迷失方向。

鸟中鬣狗胡兀鹫

科普档案 ●**动物名称:**胡兀鹫 ●**分布:**非洲、亚洲 ●**特征:**以裸骨为食

胡兀鹫全身羽色大致为黑褐色，它的名字因吊在嘴下的黑色胡须而得。胡兀鹫也被叫作“鸟中鬣狗”，因其食物相当特别，主要以裸骨为主。

在荒山野地,有一堆腐尸烂肉,天空飞来一群鹰,它们争先恐后地扑过去啄食。有一只鹰却例外,它小心翼翼地与争食者保持着一段距离,默默地看着。那群鹰吃完了腐肉,心满意足而去。这只鹰才过去,不慌不忙地啃吃着那些白骨。这只鹰为什么和其他鹰不一样?原来,它就是比老鹰更大、更凶猛的胡兀鹫。

胡兀鹫属于脊椎动物门鸟纲隼形目鹰科,是我国一级保护动物。因其嘴角下生有一小簇黑黝黝的刚毛,形如胡须而得名。它的体形巨大,体长在1米以上,体重3.5~5.5千克,窄而尖长的翅膀展开后可达3米。

胡兀鹫在国外分布于欧洲南部、非洲、亚洲中部和南部,在我国则常见于青藏高原地区。胡兀鹫是一种食腐动物,通常情况下会与兀鹫结群活动,但要比兀鹫机警得多。它们发现动物尸体后,并不立即上前,而是先是翱翔观察,然后落在50米以外的地方进行窥测,确认没有危险后,才一起拥上聚餐,在几十分钟内将一具庞大的动物尸体一扫而光。有时它们发现地面上有病残体弱的旱獭、牛、羊等动物,也会一改常态,从高空直接扑向目标。对于鼠和小鸟等小型动物,它们往往直接吞食。遇有较大的骨头等无法下口时,它们就会将骨头抓起来,飞到60多米高,将其从空中投向岩石,使之破碎,然后落下吞食。一次没有摔碎时,它们就飞到更高的高度,重复进行。如果连摔多次都不能摔碎,也只好放弃,所以胡兀鹫生活的地区常见扔在

山岩上的大块动物骨头。胡兀鹫因此被人称为“碎骨鹰”。

胡兀鹫

胡兀鹫的视力很强，在视网膜的斑带区中央凹内的视觉细胞有150万~200万个，大大高于人类在同样区域的20万个视觉细胞。因此，在相同的距离内，胡兀鹫比人类看到的物体要清晰得多。虽然如此，由于地面的环境非常复杂，为了更顺利地发现尸体，它们也非常注意对乌鸦、鸢、豺、鬣狗等食尸动物的观察，而且还特别善于利用一种名为渡鸦的乌鸦。每当渡鸦发现食物而高声鸣叫时，胡兀鹫便飞过来争食，并将渡鸦挤到一旁，使其只能拾取一些肉屑充饥；而当渡鸦发现危险，一边鸣叫一边飞走时，胡兀鹫也赶快随之逃离。

胡兀鹫是飞行的能手，为了能寻找到自然界中难以找到的动物尸体，必须具有毅力和耐心，因而胡兀鹫采用了一种很节省能量的飞行方式——翱翔。它们一天可以翱翔9~10个小时，飞行高度达7000米以上。需要时，它们也可以借助尾羽的活动和初级飞羽的微微转动，在离地面3~5米的高度，作快速的贴地面飞行。

由于胡兀鹫嗜食腐肉，所以长有铁钩的脚有所退化，但高而侧扁的嘴反而变得格外强大，先端钩曲成90°，像钢钳一样。因为它必须依靠嘴从很大很结实的动物尸体上撕下一块一块的肉，甚至咬碎大块的骨头，来填饱自己的肚子，这种习性与非洲鬣狗很相似，所以又被称为“鸟中鬣狗”。

知识链接

鬣　狗

鬣狗是一种生长在热带或亚热带地区的食腐动物。通常情况下，猛兽噬食了动物以后，会继续行进，鬣狗们就一拥而上，嚼食余下的尸体。鬣狗的犬齿、裂齿发达，咬力强，是唯一能够嚼食骨头的哺乳动物。

神奇的昆虫复眼

科普档案 ●**名称**:昆虫复眼 ●**特征**:小眼面呈六角形,小眼面的数目、大小和形状因昆虫而异

昆虫为了适应生活环境，演化出各种各样的眼睛，复眼由许多小眼体紧密结合组成，全部被极薄的眼角膜覆盖。

昆虫是生生不息的自然界中重要的一员,最近的研究表明,全世界的昆虫可能有1000万种,但目前有名有姓的昆虫种类仅100万种。庞大的昆虫家族蕴藏着无穷的奥秘,它们的“复眼”就是科学家们感兴趣的研究课题之一。

昆虫的眼与人类的不同,它分为单眼与复眼两类:单眼位于头部中央,通常有三个,部分种类完全退化或缺少1~2个。它的功能只能辨别光线的明暗与物体的远近,是复眼的辅助器官。大部分的昆虫还有一对复眼,位于头部两侧,大小与形状依种类而异,它是昆虫的主要视觉器官。

昆虫的复眼是由许多六角形的小眼组成的,每个小眼与单眼的基本构造相同。复眼的体积越大,小眼的数量就越多,看东西的视力也就越强。复眼中的小眼的数目变化很大,从最少的只有一个小眼,到最多的有数万个小眼。例如有一种蚂蚁的工蚁只有一个小眼,蝴蝶有1.2万~1.7万个小眼,蜻蜓则有1万~28万个小眼,苍蝇有4000个小眼。

昆虫的复眼虽然由许多小眼组成，但它们的视力远不如人类的好,蜻蜓可以看到1~2米远,苍蝇只能看到40~70毫米远。但是,昆虫对于移动物体的反应却十分敏感,当一个物体突然出现时,人通常需要盯住物体观看0.05秒才能看清楚,但苍蝇或蜜蜂,只需约0.01秒就够了。另外,就看东西

□昆虫复眼

的范围——“视野”来说，昆虫的复眼比人的要宽广得多。这是因为对一个在活动着的物体来说，复眼中的所有小眼，并不是同时看到它的，各个小眼是有先有后地看到这个物体的。我们知道，放电影时，尽管电影画面是一幅幅的，但如果以每秒钟放映25幅的速度放映，那么那些动作不连续的画面，看起来会觉得是连续的。但如果让有复眼的昆虫去看电影，会是一幅幅不动的“定格”般的画面，若要它们感到是连续动作，每秒钟至少要放映几百个镜头才行。这对昆虫来说是很有好处的，因为在它快速飞行时，不会把各种不动的物体看成是连续活动的。不然的话，既发现不了要“着陆”的花朵，要捕食的猎物，也不能准确地发现敌人，有效地躲避敌人。由于昆虫飞行时，每个小眼都在观看它的视野范围内的景物，并获得它所观测到的“数据”，而根据这些数据，它们的脑就能“计算”出自身相对于地面物体的飞行速度，所以，在“着陆”时，能调整它的飞行运动，自动控制飞行速度，不快不慢，恰到好处地完美着陆。人们正是从中受到启发，于是模仿复眼的功能原理，研制出一种飞行器对地速度计。这种速度计是在飞行器上装备两个成一定角度的光电接收器，而在地上一固定地点发出光学信号。由于两个光电接收器的位置是两者成某一角度的，有如复眼中的某两个小眼，故它们必然是按顺序地接收地面上同一目标发来的光信号，因此，只要将两者接收到地面光信号的时间差，和飞行器的飞行高度，以及两个接收器所形成的夹角的度数等数据输入计算机，就能得出该飞行器相对于地面的相对速度，据此，就可以按要求来调整飞行器的飞行速度。

近年来，科学家还根据昆虫的复眼原理研发出一种“虫眼相机”。这种含有密集安装于一个针头大小面积上的人造“昆虫眼”由8500个六角形透镜组成，它所得的视野，比目前最好的广角镜头还要宽广。研究人员认为，未来几年内这种技术很可能应用于微型全方位监视设备、超薄照相机以及高速运动传感器上。

知识链接

昆虫新种

现在世界上每年大约发现1000个昆虫新种。我国是世界上唯一跨越两大动物地理区域的国家，应该是世界上昆虫种类最多的国家之一，可目前我国已发现定名的昆虫只有5万多种。由此可见，我国还有太多太多的昆虫新种等待有志研究昆虫的朋友们去发现、命名、描述它们。

活化石拉蒂迈鱼

科普档案 ●**动物名称**:拉蒂迈鱼 ●**分布**:非洲南部 ●**特征**:躯体粗壮,头大口宽,牙齿锐利

拉蒂迈鱼是经历了漫长地质年代而残留的活化石，过去只能从化石了解它们。通过对它的比较解剖研究，有助于探索最初两栖动物是由哪种鱼演化来的。

大家知道,从猿到人不过是人类发展史的最后一个阶段,再推上去就是从鱼到人了。科学家们一直在探索鱼类是如何进化为四条腿的两栖动物并逐渐占据了陆地的,这是地球生物进化史上最关键的一环,因为正是这些两栖动物为以后的爬行动物、鸟类和哺乳动物,乃至人类的进化铺平了道路。

1839年,科学家们在英国发现了腔棘鱼化石。经过验证,这种鱼的祖先生活在距今约3.5亿年前，它的身体结构和后来进化为陆生四足动物的一种鱼类相似，可以看作是地球上最初的两栖动物是由鱼进化而来的证据。但当时的化石证据表明,腔棘鱼早在距今约7000万年前的白垩纪就灭绝了。就在这时,一位名叫拉蒂迈的小姐却发现了一条“活生生”腔棘鱼。

□腔棘鱼

1938,在南非东伦敦附近的海面上,一艘拖网渔船捕获到一条奇特的鱼。这是一条长约2米、泛着青光的

□拉蒂迈鱼

大鱼,鱼鳞像铠甲一样布满全身,尖尖的鱼头显得异常坚硬。特别引人注目的是在它的胸部和腹部各长着两只与其他鱼类比起来既肥大又粗壮的鱼翅,看上去就像野兽的四肢一样。此时,在东伦敦博物馆工作的拉蒂迈小姐正巧路过码头,当她看到这条鱼时,不由得停住了脚步。她对从未见过的还长着“四肢”的鱼产生了浓厚的兴趣,将这条鱼的形状画了下来,但在家里和在图书馆都没有找到有关这条鱼的一点线索。于是,她给南非罗兹大学鱼类学家詹姆斯·史密斯教授发了一封信,还附上了自己画的草图,向教授请教。遗憾的是,恰逢史密斯教授到外地考察,事情因此被搁置下来。不久,史密斯得知此事后,立即赶来,但此时鱼已经烂掉,幸运的是,拉蒂迈把这条鱼的鱼皮保存下来了。史密斯教授研究了鱼皮后,喜出望外,确认这是一条腔棘鱼。为纪念拉蒂迈小姐对标本的“慧眼相识”和精心保护,史密斯教授给这条鱼起名为拉蒂迈鱼。

为了获得更多更好的拉蒂迈鱼标本,史密斯教授登广告悬赏:谁能再捕到一条拉蒂迈鱼送给他研究,将得到 100 英镑的奖金;他还在当地一带贴了许多有关拉蒂迈鱼的招贴画,以便引起渔民的注意。但是,拉蒂迈鱼毕竟太稀有了,以至于直到 14 年后的 1952 年,才有信息说在马达加斯加岛西北方向的科摩罗群岛中的安朱安岛附近海域里,渔民又捕到了第二条拉蒂迈鱼。此后,拉蒂迈鱼仍不断有所发现,但迄今为止,全世界也只发现了

200条，而且其分布区仅限于非洲南部马达加斯加岛附近海域。

生物学家后来证明拉蒂迈鱼的确是地球上最古老的鱼类，它们出现在距今35000万年前的泥盆纪时期，早期生活在容易干涸的淡水河湖中，那时，它们的主要呼吸器官是鼻孔和鳔，后来由于环境的变化，在距今18000万年前的三叠纪以后，它们来到了海洋，逐渐变成用鳃呼吸。从多次捕获的情况推测，拉蒂迈鱼生活在200~400米的深海里，体长介于1.28~1.80米之间，体重介于30~80千克。由于深海和地面气压相差过大，所以拉蒂迈鱼出水后活的时间都不很长。

拉蒂迈鱼的出现，给人们提供了生物进化史的资料，但也使人们产生了疑问：拉蒂迈鱼既然具备了两栖、爬行类祖先的特点，那么，它为什么没有继续进化成为两栖类，却又回到了海洋中去了呢？它们原来生活在淡水河湖中，转入海洋后又怎么能适应新的环境？就这些问题生物学家们正在深入研究，并正在努力揭示这些有价值的奥秘。

知识链接

骨鳞鱼

“拉蒂迈鱼”现通常称作“矛尾鱼”。20世纪80年代前，科学界一直认为骨鳞鱼类是陆生四足动物的祖先，而拉蒂迈鱼是骨鳞鱼的近亲。现在，虽然我国学者已经否定了骨鳞鱼类是四足动物祖先的理论，但拉蒂迈鱼对于了解腔棘鱼类的解剖构造、生活习性和进化关系等仍然有重要意义。

海中大熊猫文昌鱼

科普档案 ●**动物名称**:文昌鱼 ●**分布**:福建 ●**特征**:半透明,头尾尖,体内有一条脊索

文昌鱼是地球上最早出现的由无脊椎动物向脊椎动物过渡的脊索动物，经过了漫长的岁月，文昌鱼演化为各种脊椎动物，其中包括类人猿。因此，文昌鱼在物种分类和区系方面具有重要意义。

在我国的厦门、青岛、烟台等地的浅海泥沙中,生活着一种世界著名的稀有“鱼”类——文昌鱼。据记载,文昌鱼最早是在福建的郡城文昌阁前方的海水里发现的,因此而得名。因其数量少而古老,被学术界誉为“海中大熊猫”。

文昌鱼体形细小,全身只有30毫米长,虽然它既像鱼又像蠕虫,但血统上跟鱼及蠕虫相差很远。18世纪发现文昌鱼时,生物学家先是把它归入了软体动物,后来又归入鱼类,其实这两种划分都不准确。最终为文昌鱼正名的是19世纪俄国生物学家、进化论比较胚胎学的开创人柯瓦列夫斯基。

18世纪末,法国的古生物学家居维叶把动物界分成了四门:脊椎动物门、软体动物门、分节动物门、放射动物门。他提出这四门不同的结构图案是一开始就存在的。照这种观点,脊椎动物就是脊椎动物,无脊椎动物就是无脊椎动物,互相没有关系。当达尔文的进化论为学术界公认后,人类不断发现动物进化在各阶段上的证据,但从无脊椎到脊椎这个进化过程一直没发现实证物种,成为悬案。19世纪,俄国人柯瓦列夫斯基研究了文昌鱼的胚胎发育,这才找到了无脊椎动物和脊椎动物之间的失落的进化环节。

柯瓦列夫斯基发现,支撑文昌鱼全身的是一条原始的、尚未分节的脊索。要知道,脊索是脊椎的前身,脊椎动物在胚胎时期都出现过脊索。此外,

□文昌鱼

文昌鱼没有头和心脏，仅有一条富有收缩能力的腹大动脉，驱使无色血液由后向前流动。而鱼类拥有一个一心室一心房的心脏，全身流动着红色的血液，并可携带丰富的氧及营养物质，从而加快身体的血液循环，使新陈代谢更加旺盛。由此可见，文昌鱼虽外形酷似鱼类，但它的身体构造和各种生理机能与真正的鱼类还存在很大的差别。柯瓦列夫斯基由此断定：文昌鱼是介于无脊椎动物与脊椎动物之间的过渡类型。1874年，德国动物学家海克尔根据柯瓦列夫斯基的研究，更正了前人的分类错误，把文昌鱼等动物和脊椎动物合并在一起而成立了一个新门——脊索动物门。后来，进化论奠基人达尔文在评价柯瓦列夫斯基发现文昌鱼地位的工作时说："这是最伟大的发现，它提供了揭示脊椎动物起源的钥匙。"

据后来的科学家研究，文昌鱼早在5亿多年前就出现了，至今仍保持着古代的特性及原始性状。弱小的文昌鱼虽无自卫能力，但有惊人的钻沙本领。它总是栖息在江河汇合、透明度较高的浅海海底，平时很少游动，游泳时可保持每分钟60厘米的速度，连游50秒后会突然停下，沉入海底。它的摄食不是靠主动游泳去追捕食物，而是将身体埋入泥沙，只露出身体前端，依赖口部纤毛摆动形成的水流，将浮游植物和氧气带入口和咽部。它的消化系统比较简单，肠尚未分化，只是一条直筒。由于文昌鱼走上适应泥沙、少活动的进化道路，故未能成为脊椎动物的直接祖先。

文昌鱼在我国被发现以后，立即受到了科学家的重视，被列为国家二级保护野生动物。但后来由于过度捕捞，让这种活“化石”的数量急剧减少，一度处于濒危状态。所幸的是，后来在厦门一个海区又发现了文昌鱼的栖息地，表明厦门仍然是我国文昌鱼的重要产地。

知识链接

脊索动物

脊索动物门现存 6 万余种，占全世界动物种类的 5%左右。脊索动物又分为头索动物亚门、尾索动物亚门和脊椎动物亚门。文昌鱼是头索动物亚门的代表动物；尾索动物亚门的代表是海鞘；鱼、蛙、龟、鸟、兽等都属于脊椎动物亚门。

美人鱼儒艮

科普档案 ●**动物名称:**儒艮 ●**分布:**广东、广西、海南、台湾 ●**特征:**外貌丑陋，体形像妇人

儒艮为海生草食性兽类，生活在隐蔽条件良好的海草区底部，定期浮出水面呼吸，常被认作美人鱼浮出水面，给人们留下了很多美丽的传说。

“美人鱼”这个名字,对于很多人来讲可能并不陌生,在安徒生童话中就有关于它的美好描写。浩瀚无际的大海里真的生活着令人遐思的“美人鱼”吗？生物学家们对此一直争论不休。

从古至今,美人鱼一直是人们的热门话题。早在2300多年前,古巴比伦的一位史学家在他的《古代历史》一书中就有关于美人鱼的记载。15世纪,哥伦布发现了美洲大陆以后,欧洲各国纷纷派船去美洲探险,寻找宝藏。每当黄昏日落,或者明月高悬的时候,那些在海上漂泊数月之久的探险者和水手们,常常在那粗笨的单筒望远镜中,透过弥漫的水雾,看到一些袒胸露肤的美丽“女人”在海边游泳、嬉戏,还有的把自己的“婴儿”抱到胸前喂奶,而这些“女人”的下身又像鱼一样,她们时而出现,时而又被海上的迷雾遮住。这个海上“美人鱼”哺育婴儿的奇妙景象,勾起了远涉重洋的人们对自己妻儿的思念之情,“美人鱼”的传说也就随之诞生了。实际上,“美人鱼”是一种终生生活在热带、亚热带的水域中,或者在近海游弋的大型水生哺乳动物——儒艮。这是英国著名生物学家马丁·阿利斯博士在印尼婆罗洲岛海域对一群儒艮进行了近3年的追踪研究后提出的。阿利斯博士认为,因为雌儒艮的胸部乳房丰满,高高隆起,还生有一对4~5厘米的乳头,

□儒　艮

当它给幼仔哺乳时，常用两个肥大的胸鳍抱起幼仔露出海面，所以在傍晚或朦胧的月夜中使人们产生了错觉。另外，儒艮生性胆小害羞，白天潜伏在三四十米深的海底，每5分钟左右出来换换气。晚上是儒艮自由活动的最好时间，但稍微一点响动便可能惊动它们，所以人们很难见到。

儒艮的名字是由马来语直接音译而来的，也有人称它为“南海牛”。它与陆地上的亚洲象有着共同的祖先，后来进入海洋，至今已有2500万年的海洋生存史。现在，儒艮是海洋中唯一的草食性哺乳动物，以海藻、水草等多汁的水生植物以及含纤维的灯芯草、禾草类为食。儒艮的食量较大，每天要消耗45千克以上的水生植物，约为其体重的10%左右，因此消化系统十分发达，具有发达的盲肠和长达45米的肠道来消化食物。正因为儒艮能吃但又不愿动，所以养得体胖膘肥，行动迟缓。虽然常年生活在海中，但儒艮水下功夫非常一般，游泳速度只不过每小时2海里左右，即便是在被“敌人”追赶时，逃跑的速度也超不过每小时5海里。

由于儒艮油可入药，而且肉味鲜美，皮可制革，人类曾经对其展开了无度地捕杀，使原本成群出没的儒艮数量越来越稀少。如今，作为茫茫海洋中的唯一草食性哺乳动物，儒艮已经成为濒危的珍稀海洋哺乳动物，它是海洋生态系统健全与否的重要象征和标志，对于研究生物进化、动物分类具有极为重要的科学参考价值。为保护这个有名无实的“美人鱼”，1988 年，我国已将它列为国家一级保护动物。

知识链接

儒艮与海牛

因儒艮以草为食，胃与陆地上的牛一样分四个室，所以属海牛目，但儒艮和海牛是两种不同的动物，海牛生活在西半球，而儒艮的家在东半球。儒艮尾巴中间分开，有点像鲸类，与海牛的圆形尾巴不同；此外，儒艮个头较小，成年一般为 400 ~ 500 千克，而海牛一般在 900 千克以上。

海洋中的鱼医生

科普档案 ●**动物名称**:霓虹刺鳍鱼●**分布**:澳大利亚东部海域●**特征**:颜色鲜艳,为生病的鱼清洁

霓虹刺鳍鱼专为生病的大鱼搞清洁,故又叫“鱼大夫”“鱼医生”。它没有任何药物和器械,只凭嘴尖去清洁病鱼伤口上的坏死组织和致病的微生物以及动物所残留的物质,而这些被“清除”的污物正是它赖以生存的食物。

浩瀚的大海,生活着成群的海洋生物,五光十色的生物中,有许多引人入胜的趣事,海洋里的“鱼医生”就是其中一例。这种鱼名叫霓虹刺鳍鱼,仅30~50毫米长,但俏丽秀美,喜好单独或成对活动,似无家可归的游鱼。这种鱼世代相传,终身辛勤地为病鱼“义务看病”。

最早发现清洁鱼的是科威特海洋生物学家库拉达·兰姆布。1949年夏天,他潜入加利福尼亚海岸附近的海水中。突然,他发现一条大鱼离开鱼群,向一条小鱼扑去。兰姆布本以为大鱼要吞食小鱼,可在他的眼前出现的却是一个意想不到的情景:大鱼温驯地在小鱼面前张开了鳍,小鱼则用自己尖锐的嘴紧贴大鱼的身体,几分钟后,小鱼游开了大鱼,消失在海草中,大鱼又重新跟上了鱼群……这一奇妙的现象引起了兰姆布的深思,经过多次细致的观察,他终于搞清,小鱼是用它尖尖的嘴巴为病鱼清除细菌和坏死细胞,是在给大鱼治病。

□霓虹刺鳍鱼

清洁鱼一般生活在海底的珊瑚礁、水中突出的岩石或沉船残骸的附近。有时它们生意

□鱼医生正在给大鱼治病

相当兴隆，病鱼们甚至排着长长的队伍等待治疗，不过有时秩序很乱，都要抢先不免发生拥挤和争执。鱼医生却不着急，还是不慌不忙地挨个治疗，遇到“病号”们争吵时，鱼医生就会避开，等到大家平静下来恢复秩序后再出来治病。鱼医生对工作认真负责，不分昼夜。据统计，一条清洁鱼一小时能治疗 50 个“病号”。清洁鱼与病号之间的关系非常融洽，前来看病的鱼不论是大的还是小的、是性格温顺的还是凶猛的，都会老老实实地站在鱼医生面前接受治疗，有时它们还张开嘴巴，让鱼医生进入嘴里清除咽部和牙缝的细菌和寄生虫，从来没有出现过鱼医生被大鱼吞食的现象。

清洁鱼不但受到病号们的尊敬，并且还会得到病号们的保护。在治疗过程中，若有凶猛的动物来侵犯，病号总是先把鱼医生带到安全的地方，然后再回来与凶猛的动物搏斗，决不让小医生遭殃。前来求医的鱼儿一般都是雄性的，因雄鱼好斗容易受伤，而且雄鱼比雌鱼更爱美，即使没病也要求清洁鱼修饰外貌。至今令人不解的是，雄鱼在整容时还会不断改变自己的色泽，一会儿变红，一会儿变白，一会儿又变成棕色，不知是在向清洁鱼传达什么信息，待清洁鱼替它把身上的污垢清除后，雄鱼就显得更加俊美了。

清洁鱼为鱼类服务，使鱼类减少痛苦，对自身来说，不但能得到鱼类的保护，并且这些寄生虫和坏死的组织也正是清洁鱼的美味佳肴，真是一举两得的好事，是生物学上互利共生的一个例子。由于海洋生物患病的概率并非太低，所以鱼医生的存在是客观需要。一旦海洋中缺少了这一环节，后果将不堪设想。有一位科学家曾做过这样的实验：从两个小珊瑚礁上，捞走清洁鱼。这两个地方，原来鱼儿非常多，可是几天之后，鱼儿大大减少，不到两周时间，几乎所有的鱼都游走了。剩下的只是少量的本地鱼，身上不是长满了白绒病斑，就是肿胀生疮，一副病入膏肓模样。这同邻近珊瑚礁欢跃兴旺的鱼群形成了鲜明的对照。可见，鱼医生对维护鱼类家族的健康繁荣，起着重要的作用。

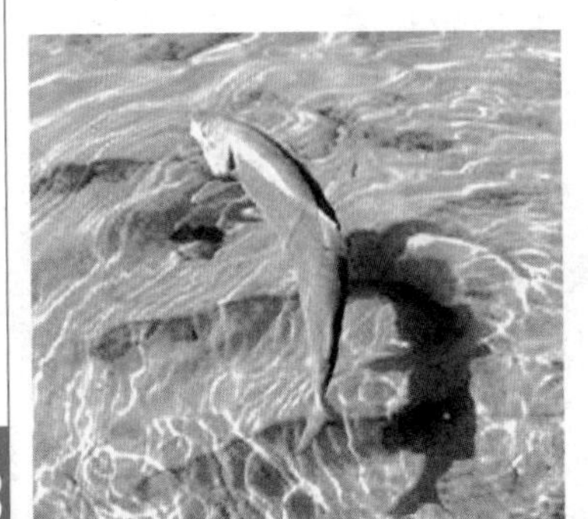

知识链接

环保鱼类

除了霓虹刺鳍鱼外，世界上还有几种著名的环保鱼，如原产日本的池沼公鱼，专吃微生物、藻类及浮游生物，被誉为水库清洁工。生长于非洲莫桑比克的一种名叫犹美的无鳍鱼，其胸部有一吸囊，囊四周有圈卷毛似的囊须，能把水中的杂质和细尘卷进去，搓成团状物抛出，沉入水底使水净化。在美国南部和墨西哥北部的水域中，生活着一种除蚊鱼，一昼夜能吞食 200 只蚊虫幼体。

动物奥秘启迪

□鲜为人知的动物奇观

动物毒素也治病

科普档案 ●**名称:**动物毒素 ●**种类:**蛇毒、蜂毒、蜘蛛毒

动物毒素是有毒动物毒腺制造的并以毒液形式注入其他动物体内的蛋白类化合物，如蛇毒、蜂毒、蝎毒、蜘蛛毒等。动物毒素对人与动物有毒害作用，但也有一定药用价值，是农药开发的潜在资源。

世界上有很多有毒的动物,一旦被它们咬到,就会损害健康,甚至威胁到生命,但如果使用得当,它们又能造福于人类。现在,已经有不少有毒动物为人类所用，从它们体内制取的动物毒素现已被广泛应用在临床治疗上。

动物毒素绝大多数是蛋白质。大多是在有毒动物的毒腺中制造并以毒液的形式经毒牙或毒刺注入其他动物体内。纯的毒素根据生物效应,可分为神经毒素、细胞毒素、心脏毒素、出血毒素、溶血毒素、肌肉毒素或坏死毒素等。毒液里还含有多种酶。

蛇毒是人类研究得较为深入的一种动物毒素。蛇毒是从毒蛇的毒腺分泌出的黏液。冻干后呈粉末状物质,在低温下能长期维持毒性。

□蛇毒具有镇痛作用

蛇毒具有镇痛作用,这对于癌症病患者的后期特别有意义，这种病人往往病痛难忍，不得不采用吗啡类的药物来镇痛，吗啡类的药物用多了之后就会上瘾，得不断注射。临床实验证明,眼镜蛇毒素的镇痛效果比吗啡要

□蜂毒是医药学研究开发的热点之一

好，而且不会有成瘾的副作用；蝰蛇，又名“五步蛇”，它的毒比眼镜蛇厉害20倍。但蝰蛇毒素具有抗凝血作用，可作为抗凝血剂。红嘴蝮蛇的毒素中，有血小板溶解因子，它的制剂可用来治疗血栓静脉炎所引起的凝血块。毒蝰蛇和沙蝰蛇的毒素，对治疗风湿性关节痛和关节炎痛，可取得满意的效果。

在人们的感觉中，蜜蜂是一只只可爱的小精灵，但有时又让人有一点害怕，怕它亲近时一“吻”可能带来的痛。但据医书记载，历代名医扁鹊、张仲景、李时珍等都用蜜蜂治疗过很多疾病，这就是“蜂毒疗法”。

蜂毒是包括蜜蜂、大黄蜂和胡蜂从尾刺分泌的毒液，其中含神经毒素、溶血毒素和酶。传统的蜂毒疗法主要是活蜂针刺法，即是利用天然活蜂螯针刺人体穴位以注入蜂毒液而达到治病目的。现代蜂毒疗法则多采用先进技术，将蜂毒提取加工成不同的制品和剂型进行多种疾病的临床服务，已成为医药学研究开发的热点之一。

目前，蜂毒疗法治病的理论和临床实践在神经系统、心血管系统、血液系统、抗菌等许多领域都非常成熟，它的镇痛效果很明显，尤其对慢性疼痛作用最佳。蜂毒对心血管系统的影响也很显著，可降血压，抗心律失常，改善脑血流量以及心肌功能等。它还能改善冠状动脉供血，缓解心绞痛，对心肌力的增强也有良好的作用。同时还能改善微循环，使毛细血管通透性增加。近年来，一些欧洲国家还用蜂毒治疗风湿和用力过猛引起的肌肉损伤。

我们知道，星际飞行的路程是非常漫长的。即使以宇宙飞船这样快的速度，也会花费很长很长的时间。宇航员在这么长的时间里，如果像正常人一样进食、睡眠，一方面会没有价值地消耗掉许多体能，另一方面食品、水也会增加装备的重量。

那么如何解决这个问题呢？最好是使宇航员处于一种休眠状态，既保存了人体的体能，又不会消耗食物和水。如果注射药物或服用安眠药的话，又会对人体产生副作用。这时候，小小的蜘蛛来发挥作用了。

英国的生物化学家们对亚马孙河岸上的一种蜘蛛进行了研究。他们发现这种蜘蛛的毒液，不会将猎物毒死，而是使它们长时间陷入昏迷状态。于是他们提取了这种蜘蛛的毒液，制成了一种安眠药。经检测，这种安眠药对人体不会产生任何副作用，而且可以使人长时间安睡。而且，即使是在酷热的高温下，这种安眠药也能保存很长的时间。生物化学家们认为，如果让宇航员在星际飞行中使用这种安眠药，将会收到很理想的效果。

动物毒素之谜历经多年，终于部分为人类所破解。当今，许多科学家还在努力研究各种生物毒素，相信随着科学的发展，它能更好地造福于人类。

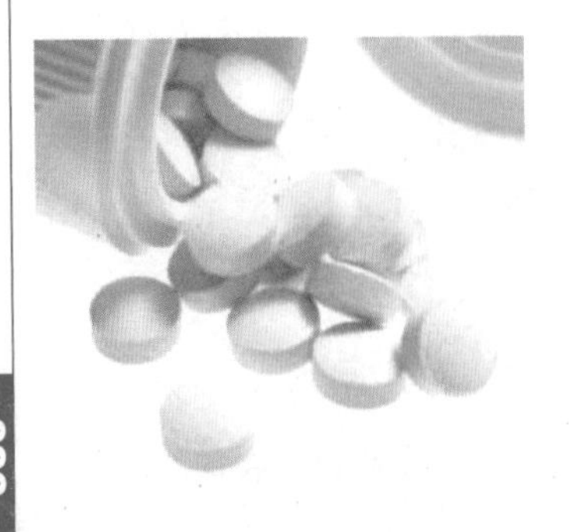

知识链接

安眠药

安眠药又名安定，为白色或类白色结晶性粉末；无臭，味微苦。几乎不溶于水，可溶于盐酸。遇酸或碱及受热易水解，口服药物在胃酸的作用下开环，进入碱性肠道又重新环合成原药。因此，不影响药物的生物利用度。抗焦虑，停药后代偿性反跳较轻，停药困难轻。后遗效应较轻。安全范围大。

向动物学习奔跑

科普档案 ●**动物名称**：骏马 ●**特征**：奔跑时可蹲蹬发力获得高速度

人类起源于动物，奥运会中的很多体育项目也来源于动物。现代短跑技术的两大要素——加大步幅和扒地动作也是人类从动物的奔跑姿态中“引进”的。

人类起源于动物，奥运会中的很多体育项目也来源于动物。到目前为止，种类繁多的动物在漫长的进化和自然选择过程中，已形成了多种多样超过人类的运动能力。当人类以运动的方式，并借助运动器械、设备等强身健体、提高竞技运动水平的时候，学习和借鉴动物们的种种“超能力”就是很自然的事了。

我们知道，现代竞技跑步中的起跑技术大致可分为站立式和蹲踞式两种，而短跑运动中最好的起跑技术是蹲踞式。那么，蹲踞式起跑是怎样产生的呢？这还要归功于袋鼠给人的启示。

1888 年，澳大利亚短跑运动员舍里尔在苦于成绩停滞不前时，偶然从大袋鼠身上受到了启发。这种袋鼠看起来大腹便便，却有快跑如飞的本领。闲跑时一跳有 1.2~1.9 米，急跑时一跳可达 12 米，如果需要，它的跑速可以毫不费力地达到每小时 70 多千米，特别是它突然起动时的加速令人羡慕不已。舍里尔经过观察，发现袋鼠在跑跳之前，躯体总是向下弯曲，腹部几乎贴近地面，然后以弹射的速度起动。于是，他一反多年来站立式起跑的传统，采用了类似袋鼠的起跑动作，发明了在当时被认为是“短跑技术革命”的起跑技术——蹲踞式起跑，因而他在 1896 年的奥运会上创造了优异成绩。后来，许多运动员仿效。另一位运动员在起跑线上蹲下的地方挖了一个小小的浅坑，一只脚放进浅坑，起跑时脚一蹬，便箭一般冲射而出，取得了

□田径赛运动员后蹬时，脚掌趴地技术是向骏马学习的

100米短跑不到10秒的成绩。以后,所有的赛跑运动员都采用了蹲踞式起跑,于是田径运动场上出现了助跑器这种产品。

现代短跑技术的两大要素——加大步幅和扒地动作也是从动物的奔跑姿态中"引进"的。

骏马是陆地动物赛跑的佼佼者。在广阔无际的草原上,飞驰而去的骏马,身后会留下一阵烟尘。仔细看来,马蹄竟然能把泥土扒起来,可见其后蹬时的力量是很大的。在分析了它们腿部动作和地面上留下的痕迹之后,专家们发现,蹲蹬发力是它们获得高速度的奥秘之一,因此,径赛运动员后蹬时,脚掌趴地这一合理技术应运而生。

骏马等蹄行类动物在奔跑时,其蹄印是前深后浅,并且四肢在蹬地时与地面保持一定夹角。这样,骏马在奔跑时向前的水平分力就非常大。这种奔跑技术是疾驰动物能够获得高速度的秘诀之一。蹄行动物在奔跑时还有充分施展腕踝关节的扒地动作,这种扒地动作有其独到之处,是一种力的高效率传递。它能将强大的地面反作用力通过腕踝关节与地面的接触有效地传给肢体,以获得向前飞奔的高速度。

疾驰动物的这两个奔跑特点对改进短跑运动员的技术动作和提高运动成绩提供了理想的生物原型和技术模式。我们知道,前撑和后蹬技术的好坏，是整个短跑技术的关键。充分而放松的前撑动作是加大步幅、保证充分后蹬的前提；而强有力地充分后蹬又能增加向前的水平分力，这是提高速度的基础。所以，如果运动员能够同疾驰动物那样，在奔跑中保持一个合理的后蹬角度，做出合理的“扒地”动作，使后蹬力通过腕踝关节充分地传递到身体，并尽量减少力的传递损耗，那么，运动员就能获得一个理想的强大的向前反作用力，从而使跑步速度大增。所以，在保持合理的步频与步幅的前提下，许多优秀运动员都以疾驰动物的奔跑特点为模式，认真地模仿动物的步态和蹬地扒地动作，使自己的身体与地面保持一定的倾斜度，合理地控制后蹬角度，加快动作频率，以此来提高短跑运动成绩。

人类从动物中学到了很多运动的技能，甚至有动物直接参与了人类的运动会，在奥运会比赛中，除了人之外，唯一的动物参加者就是马。马术比赛的颁奖仪式上，要同时宣布两位获奖者的名字——骑手和马，骑手获得奖牌，马匹也要佩带花环和绶带，以表彰它为人类做出的贡献。这充分体现人们对动物的喜爱，表达了人与动物和谐相处的理念。当我们观看运动比赛时，不要忘记这也有动物们的功劳。

知识链接

体育运动

体育运动从本质上而言是模仿动物运动和狩猎行为的变化形式。例如，赛跑、跳跃和铁饼标枪等田径运动源于追踪和投掷等狩猎活动；足球、篮球、曲棍球、羽毛球、棒球、冰球、马球、水球和乒乓球等球类运动源于瞄准和杀戮等狩猎行为。

观动物知天气

科普档案 ●**动物名称**:水母、青蛙、大雁、麻雀　●**特征**:可对气候变化做出敏锐反映

在自然界中，有许多动物对大气的变化十分敏感，会表现出异常反应。这些反应，均可作为预测天气的参考。

迄今为止,人类还不能十分精确地预报天气,大自然仍对人们隐藏着某些秘密。可是,在自然界中却有许多动物被视为“活气压计”“活湿度计”“活温度计”。这些动物中的“气象预报员”往往对大气的变化十分敏感,会表现出异常反应。这些反应,均可作为预测天气的参考。

水母是一种低等的海产无脊椎浮游动物。在研究水母时,生物学家发现它是一个高度准确的“活气压计”。在暴风雨到来很早之前,它就急急忙忙地把身体隐藏到安全地带。科学家仔细地研究了水母的身体,发现它有一个可以感觉超声波的“耳朵”。在暴风雨发生前10~15小时内,它的“耳朵”就能清晰地“听”到由水中传来的超声波。在水母的“耳朵”前端有根细细的棒状物,上面带一个圆球,充满液体,有一个小小的石子浮起,并同神经末梢接触。超声波首先被充有液体的圆球接收,然后由水泡中的小石子传给神经,于是水母就接收到大风警报的信息了。科学家根据水母“耳朵”的工作原理,制成了自动预报大风警报的“电子耳”装置。

□水母是高度准确的活气压计

青蛙是我们最为熟悉的两栖类动物之一。在自然界中,青蛙素有“活晴

雨表”之称，因为青蛙能够感知大气的微小变化。非洲的土著居民，只要发现树蛙由水中爬到树上，便动手做防雨的准备，因为这预示着雨季要来到了。而当青蛙在水面“吧嗒吧嗒”地拍水时，也就是预报天要晴了。

□大雁是寒潮预报专家

许多鸟类也都是出色的“气象预报员”。它们对气压的变化，阳光的强弱，以及雷雨前大气中的积电现象非常敏感。这些气象的变化，往往会直接影响到鸟的歌唱、飞翔以及候鸟到达和出发的时间。预报风向是乌鸦的拿手好戏。人们只要看一下它朝什么方向站着，就可知道吹的是什么风。它的头朝南，便是南风；头朝北便是北风。因为它为了保护羽毛，总是让风顺着羽毛吹。预报阴雨也是乌鸦的强项，因为它对天气变化很敏感。一般在大雨来临前1~2天它就会一反常态，不时发出高亢的鸣啼。一旦叫声沙哑，便是大雨即将来临的信号。

大雁是预报寒潮的专家。当北方有冷空气南下时，大雁往往结队南飞，以躲过寒潮带来的风雨低温天气。“大雁南飞寒流急”，这可一点不假。秋夜，它还用更加独特的方式发布气象信息，即：“一只雁叫天气晴，二只雁叫雨淋淋，三只四只群雁叫，当心大水过屋顶。”人们验证过，很灵验。因啼叫的大雁越多，即空气中湿度越大，预示大雨将至。

麻雀堪称“晴雨鸟”。若晨曦初露，它们成群吱喳欢快鸣唱，那是告诉人们，今天天气晴好；若麻雀活动迟缓，叫声“吱——吱”长鸣，则预示晴转阴或阴转雨；若在连日阴雨的早晨，群雀叫声清脆，则预示天气很快转晴；夏秋季节，天气闷热，空气潮湿，它却飞到浅水处洗澡散热，这又预示一两天内有雨，故谚语有“雀噪天晴，洗澡有雨”。此外，若麻雀傍晚提前入窝归巢，并不时在窝边发出长而缓慢的鸣叫，似在“忧声长叹”，这也预示着当晚或次日天阴有雨。

除了以上几种鸟类之外，燕子、喜鹊、老鹰、天鹅、斑鸠、白头翁、黄鹂、百灵鸟等也都有预报天气的本领。

蜘蛛是一种其貌不扬的小昆虫，但历史上的军事家们可喜欢“看蛛网，测天气”呢！1794年的秋天，法国军队侵入荷兰。当时荷兰没有阻挡得了法军的兵马和大炮，只好打开运河闸门，放水淹没道路，阻住了法军的进攻。面对茫茫的大水，法军只得准备撤退。就在这时，法军司令官发现了蜘蛛异乎寻常地加倍拉丝结网。他立即命令停止撤退，原地待命。因为只有在晴朗严寒的天气里，蜘蛛才会有此举动。果然，不久气温骤然下降，荷兰人水淹道路的苦心，也随之“冻结”了，到底没有阻住法军的进攻。无独有偶，在第二次世界大战中也上演过一场蜘蛛预报天气的好戏。1940年夏季，希特勒制定了“鹰计划”，试图利用大雾天气轰炸英国的大工厂——突出在雾海之上的高大烟囱是德军轰炸的目标，而英国的飞机在雾天迎战必将不利。8月15日，德军开始轰炸了，但正是这一天，英军从当地蜘蛛大量吐丝结网的现象中得知天气将变好、雾将散尽的信息，于是做好战斗准备，很快就将大部分德军轰炸机击落，希特勒的“鹰计划”彻底破产。除了蜘蛛之外，还有些昆虫能做出长期的天气预报。比如，在秋天时，蚂蚁把窝筑得越高，就预示着这年冬天会很冷。

根据观察，目前全世界共有600多种动物够得上“天气预报员”。可以肯定，大自然中能预报天气的动物还有很多，让我们再仔细观察，多多发现这些能预报天气的动物吧！

知识链接

有关动物的气象谚语

有关动物的气象谚语一般以歌谣的形式反映了天气变化和一些自然现象的关系，是千百年来劳动人民智慧的结晶。它对于当时百姓的生产和生活都有着影响，这其中对农业的指导性影响尤为重要，即使在今天也在发挥它的作用。

动物预测地震

科普档案 ●**动物名称**:黄鼠狼、鸽子、蛇、鲶鱼等 ●**特征**:能感知危险来临,地震前反应异常

动物机体是一架复杂而敏感的环境变化的感知系统，当地球开始发怒、展露出狂暴的一面时，一些动物能感受到危险的来临，如同一架“活”的地震前兆监测系统，可以把有关的地震前兆信号进行有效的提取和放大。

地震是地球深处能量集中释放而引起的地壳强烈运动,因此,震前常出现某些异常自然现象,这叫作地震前兆。最为人们熟知的地震前兆莫过于动物异常行为。

1976年7月28日凌晨,唐山市万籁俱寂,突然,大地发出了可怕的怒吼,城市激烈地摇晃起来,震惊中外的大地震爆发了。一夜之间,一座城市就化为瓦砾,几十万人的生命化为乌有。就在地震发生的前三天的上午,有人发现成百只黄鼠狼从一堵旧城墙里倾巢出洞，大的黄鼠狼或者背着小的,或者叼着小的,向村里转移。就在当天晚上,又有10多只黄鼠狼围着一棵核桃树转来转去。到了第二天和第三天,这些黄鼠狼又连续不断地向村外跑去。在那几天里,黄鼠狼不停地号叫着，显得很不安静。到了地震的前一天,又有人在棉花地里发现有的大老鼠叼着小老鼠跑，有些小老鼠跟在大老鼠后面，依序咬着尾巴,排成一串转移。离唐山不远的昌黎县，有一家养的二三百只鸽子，在地震发

□鲶鱼能预知地震

□动物异常行为能预测地震

生的前一两个小时,倾巢飞出。这种现象,在其他国家也有发生。1948 年,俄罗斯的阿什哈巴德发生地震的前两天,就有大批爬行动物出现了反常现象,可是没有引起人们的注意, 以至造成灾难。1968 年 6 月, 苏联亚美尼亚地震前一个小时,几千条蛇穿过公路,进行大规模的转移,甚至影响了汽车的通行。1978 年,中亚阿赖地区发生地震的时间正好是冬季,一些爬行动物如蛇、蜥蜴等早已进入了冬眠。可这些动物在一个月之前就从冬眠中醒来,爬出它们过冬的地方,冻死在雪地里。

陆地上的动物能发出预测灾害前兆的信息,海洋动物也同样具有奇妙的知天测地的本领。有人发现,鲶鱼能预知地震。鲶鱼在正常情况下每小时活动不过几次,可从地震前 5 天到发生时止,自动记录器留下的记录表明,鲶鱼在最活跃时每小时的反常活动达 100 次左右。根据检测,在 14 次有感地震中, 记录鲶鱼反常活动的有 10 次。而经地震预测部门研究与核实,鲶鱼对有感地震的反应,与地震仪所预测的结果,有 9 次是一致的。

大量的震例资料和观测结果表明, 地震前动物的习性异常各不相同,一般来说,鱼类震前习性异常的行为特征主要表现为迁移、翻腾、跳跃、漂浮、翻肚、打旋、昏迷不动等。两栖类和爬行类动物主要表现为不合时令地出现呆滞等反常活动。鸟类主要表现为惊飞惊叫、不进窝不吃食、迁飞等。

家畜及其他哺乳动物主要表现为惊恐不安、嘶叫奔跑、集群迁移等，少数表现为忧郁和呆滞等行为反应。

现在，科学家们也越来越相信，当地球开始发怒、展露出狂暴的一面时，一些动物确实能感受到危险的来临。科学家认为，动物机体实际上是一架复杂而敏感的环境变化的感知系统，如同一架“活”的地震前兆监测系统，可以把有关的地震前兆信号进行有效的提取和放大。如果能找出一种方法进入这个神秘的领域，或许我们也将能够预测天降之灾，拯救同胞的生命。

知识链接

震前有预感的动物

地震前有预兆的动物种类有很多，调查数据显示，包括野生动物和家畜在内，有 58 种动物在震前的异常反应比较确实。比如，猫、狗、熊猫、鱼、蛇、老鼠、蚂蚁、蜜蜂等。穴居动物如老鼠、蛇等比地面上的动物感觉更灵敏，小动物比大牲畜感觉更灵敏。

动物中的算术天才

科普档案 ●**动物名称**:马、野猴、新西兰知更鸟、风头麦鸡 ●**特征**:有良好的数学天分

许多动物的头脑并非像人们想象的那样愚钝，科学家通过多年的研究发现，数学不仅仅是人类的专利，自然界中的一些动物也具有良好的数学天分。

在人类看来,动物们头脑似乎都比较简单。其实,有许多动物的头脑并非像人们想象的那样愚钝,科学家通过多年的研究发现,数学不仅仅是人类的专利,自然界中的一些动物也具有良好的数学天分。

科学家质疑动物数学能力的历史,可以追溯到100年前。那时候,欧洲观众都因为一匹名叫"聪明汉斯"的马而兴趣盎然,因为它居然能表演算术之类需要动脑筋的节目。其实,这匹马根本不会算术,它不过是从驯马师那里得到了暗示而已。现代也有一些动物会算术的例子被人们看作特例或训练的结果。然而,近年来的一些科学研究却让人们真的见识了各色动物的数学能力。

□风头麦鸡也会算数

美国哈佛大学的一位动物心理学家在试验时先给动物以错误的信息，然后观察它们做出的反应。他连续一个月给100只加勒比海野猴每天一次分发2只香蕉,此后突然减至分发1只香蕉。此时,96只猴子对这只香蕉多看了1~2遍，还有少部分

甚至以尖叫声表示不满，美国另一位动物行为研究者也作过类似的试验，他先让所饲养的8只黑猩猩每次各吃10只香蕉，如此连续多次。某天，他突然只给每只猩猩8只香蕉，结果所有的猩猩都不肯走开，直到主人补足后才满意地离去。由此可见，野猴和黑猩猩是有“数学头脑”的。

前不久，新西兰研究人员在一个野生动物保护区里，当着野生新西兰知更鸟的面，在倒下的原木上钻洞，并往这些洞里塞进数目不同的米虫，他们发现，知更鸟会先扑向虫子最多的那个洞口。此后，研究人员耍花招，趁知更鸟不注意时，拿掉一些虫子，此后，这些鸟会花双倍的时间在洞里寻找“失踪”的虫子。这个实验证明，有些鸟类很可能天生就会分辨一些小的数字。

动物的计数能力还有差异。有人曾在风头麦鸡跟前放了3只小盘，其中一盘放1条小虫，一盘放2条，还有一盘放3条，结果它有时先吃2条那盘，有时先吃3条的一盘。这个实验证明：风头麦鸡知道2比1多，可惜它只能数到2。这位心理学家还对一只鹦鹉进行数学训练，最终它能准确无误地用英语报出托盘上彩色木块的数目，只是木块数不能超过6。美国哥伦比亚大学的心理学家对两只猴子进行过多次实验，发现猴子能在电视屏幕上按从小到大的顺序指出标有数目的图标来，并能够一直数到9。科学家指出，猿猴在动物界里是最聪明的，约占70%的成年猿猴经训练后，可从1数到100，而且准确率超过90%。

了解动物数学能力的生物学基础和人类也息息相关。在有些科学家看来，这对儿童教育学家是个启示：人们不用像通常一样，等到孩子四五岁后才教授数学，应该让他们尽早接触数字。

知识链接

动物的算术能力

有的科学家认为，动物的算数能力是与生俱来的，生存需要可能是这一能力进化的推动力。有了这种能力，动物就可以估测对手种群规模的差异；在寻找食物时，也可以比较获得食物与投入时间的比例，以确定待在这个地方是否明智。

披坚执锐的战象

科普档案 ●**动物名称**:亚洲象与非洲象 ●**特征**:通过训练编入部队作战

在中国象棋中，象是一个很重要的角色。在现实生活中，象确实曾经在战争舞台上作过一番精彩的表演。

在中国象棋中,象是一个很重要的角色。在现实生活中,象确实曾经在战争舞台上作过一番精彩的表演。大象有亚洲象和非洲象两种,首先被驯化的品种是亚洲象。大约4000年前,古印度人就开始驯服亚洲象。在古代,骑兵曾风行世界,成为国家强盛的重要标志。印度由于气候关系难以培养出品种优良的马匹,因此,印度的骑兵很少。为了加强其国防力量,他们就把大象训练来作战。

□印度战象

□亚洲象

经过训练的战象，其背上常设一象舆，舆中插有各种长兵器，坐一战将，前后各配一驭象手，他们都是既精通武艺，又能熟练指挥战象的兵将。在象的四条粗腿旁，各有一士兵手持武器保护象腿。这样便组成一个独立的作战单位。如果象颈上坐的是帝王或统帅，象舆中则坐一士兵，双手高举长长的孔雀尾羽，相当于军中的号兵，给自己一方以信号。一次重大的战役，投入战斗的亚洲象有时多到几百头，它们在冲锋时的速度可达每小时30千米。远远望去，宛似滚滚黑浪席卷而来，好比第一次世界大战坦克刚使用于战场一样，曾使对方束手无策。因而大象的使用很快扩大到了近东和非洲地区。迦太基统帅汉尼拔在同罗马人作战中就曾使用过战象。不过，他编入作战部队的大象是非洲象。

我国是最早使用大象作战的国家之一。据考证，在殷初或更早的年代，可能有过象车出现。春秋时候，吴国同楚国作战，一直打到了楚国京都。楚王弄来一群大象，在象鼻子上系上尖刀，尾巴上绑着火种，让象群列队出阵。人们在它尾上点燃火把，使其拼命向前猛冲，终于把吴国军队赶跑了。

尽管大象具有很大威力，但也有很多局限性。一是目标大，容易被发现和击伤；二是不太听指挥，很容易四散乱窜，反而将自己的队伍搞得乱七八糟。由于这些弱点，各个国家很快找到了对付大象的办法。如印度军队用沉重的铁箭和燃烧的火箭射击大象；希腊军队用与现在的反坦克地雷场相似的办法，将铁尖桩连环埋在大象必经的地方，以划破大象柔软的脚底。从此以后，大象作为作战部队逐渐在战场上消失。

如今，亚洲象作为运输工具，仍在东南亚一些国家中存在。泰国还有训练大象的专门学校。训练大象用头推倒大树，用脚蹬踏地面，用鼻子搬运木料，发动推土机和电锯上的引擎，以及在狭窄的树林小道上行走保持平衡等。教会大象这些本领，目的是使它更好地为人类服务。亚洲象属于哺乳纲长鼻目象科象属动物，是世界上最珍稀的野生动物之一。目前主要分布于亚洲热带地区，并以孤立的种群零星散布在亚洲的13个国家。据调查，目前在亚洲国家里总共还有37000~48000余头野象和15000~18000余头有主人的家象。

亚洲象与非洲象

亚洲象和非洲象有着明显的不同：非洲象的体形比亚洲象大，象牙也比亚洲象长得多，而且雄兽和雌兽都有象牙，亚洲象则只有雄兽有象牙；亚洲象鼻端有一指状突起，非洲象则有两个。在生态习性上，亚洲象以森林或丛林环境为主，非洲象则主要栖息于草原或稀树草原中。在进化程度上，非洲象较为原始，不易驯服。

异域特色美味蜗牛

科普档案 ●**动物名称**:蜗牛 ●**分布**:热带岛屿 ●**特征**:有很高的食用和药用价值

在世界各地，食用和药用蜗牛已有悠久历史，因蜗牛的营养成分丰富，肉中的蛋白质含量居世界动物之首，还含有 20 多种氨基酸和 30 多种霉素，是人最为需要而从其他食物中又难以摄取的。

蜗牛属腹足纲陆生软体动物,种类很多,遍布全球。它们主要以植物为食,特别喜欢吃作物的细芽和嫩叶,所以野生的蜗牛是一种农业害虫,但同时它也是一种食用、药用和保健价值都很高的陆生类软体动物,蜗牛在我国用以食用和药用历史悠久。2000 多年前的《尔雅·释鱼篇》中详细地记载了蜗牛。在法国,蜗牛作为传统名菜也已有几百年的历史。现代研究发现,蜗牛的营养成分非常丰富,蜗牛肉中的蛋白质、香豆精、生物碱、有机酸等元素都比甲鱼、猪肉和一切蛋类食品中的含量还要高,尤其是蛋白质含量居世界动物之首。另外,蜗牛体内有 20 多种氨基酸和 30 多种霉素,都是人

□蜗 牛

□蜗牛美食

□美味的法式蜗牛

最为需要而从其他食物中又难以摄取的。

蜗牛的种类很多，约25000多种，遍及世界各地，仅我国便有数千种。但大多数蜗牛均有毒不可食用，现在世界各地作为食用并人工养殖的蜗牛主要有3种——法国蜗牛、庭园蜗牛和玛瑙蜗牛。其中，玛瑙蜗牛原产于非洲东部，后来传遍了整个热带地区，是世界上最大的蜗牛，故又称为非洲大蜗牛。通常成年蜗牛的螺壳长约6~8厘米，宽约3~4厘米，重50克以上。由于此种蜗牛肉味鲜美，备受欧美老板的欢迎，致使非洲大蜗牛成为今日世界上的主食蜗牛。

在众多食用蜗牛的国家中，法国最有名气。法国人一直将食用蜗牛视为时髦和富裕的象征，许多有名的饭店、酒家，把蜗牛肉作为上等名菜在国宴上招待尊贵的客人。每逢喜庆节日，法国人家宴上的第一道冷菜就是蜗牛。据统计，法国人每年要吃掉6万吨蜗牛肉，折合30万吨鲜活蜗牛。

法国蜗牛的烹调别具特色，一般以烤为主：在蜗牛肉上涂一层奶油，再将蜗牛肉与葱、蒜等一起捣碎，拌上黄油和调料，塞进洗干净的完整的蜗牛壳中，然后将"改装"过的"蜗牛"放入底下有6个圆孔的圆形铁盘内，搁在炉火上烘烤。等奶油烤化了，就可以取出蜗牛食用了。

除了食用之外，蜗牛的药用价值也很高。公元前6世纪，陶弘景的《名医别录》就记录了蜗牛治病的实例。明代的李时珍在《本草纲目》中对蜗牛的形态、生活习性以及药用、药性等记载最为详细。蜗牛肉和壳均可作为清热、解毒、消肿、平喘、软坚、理疝入药。随着科学技术的发展，科学家们发现，从蜗牛蛋白腺中提取出的凝集素对血液研究有很大的应用价值，每一克凝集素在国际市场的价格远远超过黄金的价格，所以蜗牛素有"软黄金"之称。此外，从蜗牛中提取的蜗牛酶还是医学界、生物界、纺织业、化妆品业及酿酵业等许多行业的重要工艺原料。因此，养殖蜗牛的商业价值是十分可观的。

目前，蜗牛制品在国际市场上供不应求。因此，蜗牛养殖是一项值得推广的养殖业。

知识链接

白玉蜗牛

蜗牛一般指大蜗牛科的所有种类动物。一般西方语言中不区分水生的螺类和陆生的蜗牛，而汉语中蜗牛只指陆生种类。我国有数千种蜗牛，其中可食用的蜗牛大约有10多种。目前，我国普遍养殖的品种叫白玉蜗牛，以肉色雪白而得名，它是我国的特种动物之一，属于玛瑙蜗牛的变异品种。

养蚕织丝的历史

科普档案 ●**动物名称**:蚕 ●**分布**:温带、亚热带和热带 ●**特征**:丝绸原料的主要来源

蚕是我国古代最主要的经济昆虫之一，蚕结茧时分泌丝液凝固而成的连续长纤维就是蚕丝，它与羊毛一样，是人类最早利用的动物纤维之一。

蚕，原是野生在自然生长的桑树上的，以吃桑叶为主，所以也叫桑蚕。它是我国古代最主要的经济昆虫之一。蚕结茧时分泌丝液凝固而成的连续长纤维就是蚕丝，它与羊毛一样，是人类最早利用的动物纤维之一。

在桑蚕还没有被驯养之前，我们的祖先很早就懂得利用野生的蚕茧抽丝了。究竟在什么时候开始人工养蚕，现在还难以确定。据传，养蚕织丝是黄帝的妻子嫘祖发明的。

□蚕

在几千年前的黄帝时期，我国北方有个名叫西陵的部落。首领的女儿嫘祖，是个聪明、温柔而又勤劳的好姑娘。有一天，嫘祖与邻里姑娘们一同上山采撷野果，忽然看到一株桑树上蠕动着一条条白白胖胖的小虫。它们有的在啃食桑叶，有的像在睡觉，有的竟吐出一根根白色的细丝。此后，嫘祖每次上山，总要仔细观察这些小虫的情况。不久，她惊喜地发现，整棵桑树上上下下竟挂满了白皑皑的小球。嫘祖小心地把小白球采回来，抽拉出一根根晶莹洁白的细丝，然后再把细丝横竖交叉编

□养蚕织丝

成“布”。嫘祖把这可爱的小虫取名为蚕,蚕吐出来的细丝织成的“布”叫作绢。嫘祖把绢献给了黄帝。黄帝非常高兴,同时喜欢上了这位漂亮又聪明的姑娘,他派人去向西陵氏酋长求婚,酋长和嫘祖答应了。从此,嫘祖成了黄帝的妻子。在黄帝支持下,嫘祖把野生的蚕移到家里养育。她了解掌握了蚕生长的全过程——卵、幼虫、成虫和蛹四个阶段,学会了采集桑叶喂养蚕,使之吐丝造茧。嫘祖除总结出一套养蚕经验,还发明了有关养蚕和缫丝的工具,如:蚕室、蚕架、蚕箔、桑器等。这些一直流传下来,有的至今还在使用。

嫘祖发明养蚕缫丝虽只是传说,但我国在6000多年前就已学会养蚕则是确实的。1926年春天,在山西省夏县西阴村发掘新石器时代文化遗址时,发现了一枚有半个花生荚那么大的一个蚕茧,说明那时已有人工养蚕了。在1985年发掘的浙江省吴兴县钱山洋4700年前遗址中,发现了丝带、丝线和绢片。这些都有力地证明我国劳动人民正是发明养蚕、缫丝和织绢的鼻祖。

世界上所有养蚕国家,最初的蚕种和养蚕方法,都是直接或间接地从我国传去的。朝鲜是我国的近邻,两国人民很早就亲密往来,因此,我国的蚕种和养蚕方法,远在公元前11世纪就已传到了朝鲜。日本的养蚕方法,是在秦始皇的时候,从我国传入的。后来日本又多次派人到中国取经,招收中国技术人员去日本传授经验,促进本国养蚕业的发展。公元7世纪,养蚕法传到阿拉伯和埃及,10世纪传到西班牙,11世纪又传到了意大利。15世纪蚕种和桑种被人带到法国,从此法国开始有了栽桑养蚕织丝的历史。英国看到法国养蚕获大利,便仿效法国,于是养蚕生产又从法国传到了英国……

蚕吃的是绿桑叶,为什么吐出来的是白色的丝呢?原来,桑叶中含有蛋白质、糖类、脂肪和水等成分。蚕吃了桑叶以后,经过消化分解,桑叶中的蛋白质和糖类就变成了绢丝蛋白质,再变成绢丝液,绢丝液从丝腺体里分泌出来,遇到空气以后,就凝固变成了蚕丝。

蚕丝确有许多优点,例如它轻盈、易染色,可做成五光十色的绢帛,十分美丽光洁。但是,蚕丝的产量毕竟有限,1000条蚕,从孵化成蚕宝宝到吐丝结茧,要吃掉25~30千克的桑叶,而吐出来的丝,却只有0.5千克左右。一个人穿着的蚕丝服装,该要有多少只蚕宝宝吐的丝啊!所以,丝绸服装价格昂贵。

知识链接

蚕丝

蚕丝是由两根纤维并排构成的,每条纤维的中心是“丝素”,而在丝素周围包着一层“丝胶”。无论丝素还是丝胶,它们的化学成分都是蛋白质。蚕丝不及由纤维素组成的棉花那么稳定。所以丝绸放久了,很容易烂掉。另外,蚕丝也特别怕碱。肥皂大多是碱性的物质,所以洗丝绸时,最好别用碱性肥皂。

萤火虫与人工冷光

科普档案 ●**动物名称**:萤火虫 ●**分布**:热带、亚热带和温带 ●**特征**:能发出黄绿色光。

萤火虫会发光，发出的光被称作“冷光”，冷光不仅具有很高的发光效率，而且光线柔和，适合人的眼睛。近年来，人们在研究萤火虫的发光中获得了巨大的成就，使得人类大大接近了模仿生物发光过程创造冷光源的时代。

萤火虫会发光,很多人都知道。东晋时期,有个名叫车胤的人因为家里穷,常常无钱买油点灯夜读。一个夏天的晚上,车胤正坐在院子里摸黑背书,见到许多萤火虫在空中飞舞,像许多小灯在夜空中闪动,心中不由一亮,他立刻捉住一些萤火虫,把它们装在一个白布袋里,荧光就照射出来。车胤在每年的夏夜就用这个方法来读书。车胤由于长年累月地日夜苦读,长大后终于成了一个很有学问的人。

萤火虫是一种什么样的虫子呢?萤火虫在昆虫学上属于鞘翅目萤科。

□萤火虫

它的一生要经过卵、幼虫、蛹和成虫4个发育阶段。成虫往往居住在阴暗潮湿的腐草丛中。每年6月间，成虫就出现了，经过雌雄交配，卵产在河边腐草根丛中，大小和蚕卵相当，颜色淡黑。经过1个月孵化，卵变成幼虫，也是淡黑色，身体呈纺锤形，有3对步足，生活在水边草丛中，吃蜗牛和钉螺生活。到了寒冷的冬天，幼虫钻入地里越冬，第2年的晚春，在土里化蛹。蛹再经过3个星期，就变成了成虫，那就是萤火虫。

萤火虫怎么会有发光的本领呢？原来，萤火虫的光来自它腹部最后两节的发光器。发光器的构造分3部分：一是发光层；二是发光层上面形成小窗孔的透明表皮；三是在发光层下面，由反光细胞构成的反光层。发光层里有几千个发光细胞，它们都有两种发光物质——荧光素和荧光素酶。荧光素在荧光素酶的作用下，在细胞体内水分参与时，与氧气化合，使化学能转化为光能，于是发出荧光。氧气是由呼吸系统的气管进入发光器的。如输送的氧气多，发的光就亮，输送的氧气少，发的光就弱，甚至看不到它。这就是为什么夜晚看见的萤火虫的光，总是一明一暗的道理。

至于萤火虫发光的目的，科学家们提出的假设有求偶、沟通、照明、警示、展示及调节族群等功能；但是除了求偶、沟通之外，其他功能只是科学家观察的结果，或只是臆测。1999年，一位研究人员发现，误食萤火虫成虫的蜥蜴会死亡，证实成虫的发光除了找寻配偶之外，还有警告其他生物的作用。

□萤火虫发光有警示其他生物的作用

萤火虫发的光，被称作“冷光”。它与火焰、电灯光完全不同。电灯只将电能的很小一部分转变为可见光，其余大部分都以红外线形式变成热能浪费掉了，而生物光能将化学能100%地转变为可见光，是现代光源效率的几倍到十几倍。冷光不仅具有很高的发光效率，而且光线柔和，很适合人们的眼睛。近年来,人们在研究萤火虫的发光中获得了巨大的成就。先是从荧光器中分离出了纯荧光素,后来又分离出了荧光酶。接着,人们又用化学方法人工合成了荧光素——冷光源。所有这些成就,使得人类大大接近了模仿生物发光过程创造冷光源的时代。过去,根据对萤火虫的研究发明了日光灯,使人类的照明光源发生了很大的变化。现在,生物光可用掺和某些化学物质的人工方法获得,大概大规模应用它的那一天为期不远了。例如,创造有辐射热的发光墙或产生冷光的发光体,它们对于手术室和研究实验是非常方便的,当然也会给人民的生活带来许多好处。到那时,大概电灯或随便什么别的光源都会不受欢迎了。

□冷光源灯

知识链接

发光生物

除了萤火虫外，在自然界会发光的生物很多。动物界大约有 1/3 是发光生物；海洋中会发光的细菌已知有 70 余种。在某些深海水域，几乎 95%的深海鱼类都会发光。人本身也能发光，当然放出的光绝不会像神话小说中所描述的头上有光环那样，而是放出肉眼所不能见到的超微光。

人类的挚友蚯蚓

科普档案 ●**动物名称**:蚯蚓 ●**分布**:世界各地 ●**特征**:可使土壤疏松,促进农业增产

蚯蚓的用途十分广泛，在农业生产中，它是农民的好助手，被誉为“活犁耙”；在改善环境、维护生态平衡中，蚯蚓也发挥着重要作用；蚯蚓还是很重要的药材，世界各国都有记载。

动物除了生产营养丰富的奶、肉、蛋、皮毛等产品外,还能将人们不能直接利用的物质转变为人们可以利用的产品,同时,有些动物在改善环境、维护生态平衡中也发挥着重要作用。蚯蚓就是这样一种很有价值的动物。蚯蚓,又名“地龙”,属环节动物门寡毛纲的陆栖无脊椎动物。蚯蚓遍布世界各地,多达2500多种,我国已发现和定名的蚯蚓有150种左右。

蚯蚓的用途十分广泛,它是农民的好助手,人们叫它“活犁耙”。蚯蚓能够松土,它经常在地下钻洞,使土壤疏松多孔,外界的游离气体就容易深入土中,促使微生物滋生,植物的根就很容易发育,地面上的水分或者肥料也容易深入土中,庄稼得到养料,长得就好。

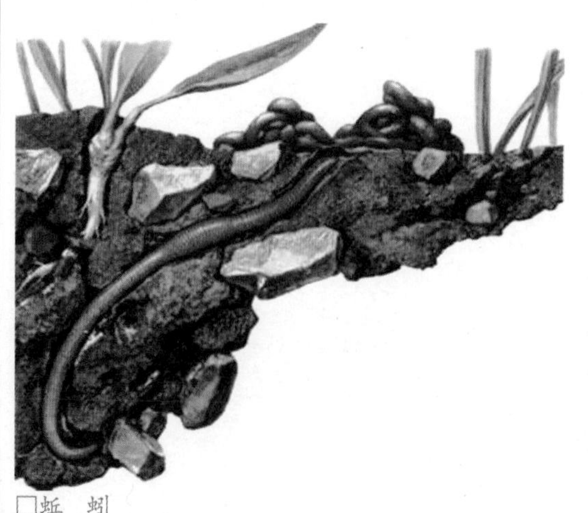
□蚯　蚓

蚯蚓具有惊人的消化能力。除了玻璃、塑料、金属和橡胶以外,蛋壳、果皮、硬纸板、下水道污物和垃圾等,这些东西经过发酵后,蚯蚓都喜欢吃。蚯蚓吃下这些东西,拉出的粪便又是一种很好的天然肥料。蚯蚓粪是一种黑褐色、颗粒状、无臭味、肥效长的优质有机肥,可作为各种专用肥的原料。它含

□蚯蚓粪可做各种专用肥的原料

有氮、磷、钾三要素及多种微量元素,并含有其他肥料没有的18种氨基酸,它保水、保肥,通气性好,便于好气性微生物繁殖,利于根系发育。由于其对肥料成分具有吸附保持功能,所以它可防止氨、钾流失,并能缓慢地向植物补给养分。蚯蚓粪可减少磷酸与土壤直接接触的机会,防止磷酸被土壤固定,有利于植物对磷酸的吸收利用。有人计算:如果按照一平方米的土地里平均有30条蚯蚓来计算的活,那么一个月以后,一公顷土地上,蚯蚓就可以排出1000千克蚯蚓粪。

随着现代工业、农业的迅速发展,环境污染日趋严重,直接影响了人类的健康。许多发达国家都采取了利用蚯蚓来处理公害的方法。研究表明:一条蚯蚓每天可处理0.3克牲畜粪及造纸污染。3亿条蚯蚓每天可处理100吨的造纸污泥,可处理300吨的酒厂、畜禽和水产品加工厂的废弃物和废水。人们还发现,蚯蚓可以作为土壤中重金属污染的“监测动物”。当重金属元素的污染达到威胁庄稼生长的程度时,蚯蚓会首先以身“殉职”,以此向人们发出警告。

蚯蚓有极强的生命力和繁殖力,一条蚯蚓一年可繁殖1000至几千条。它还是动物的高级饲料。有一些鸟很喜欢吃蚯蚓,比如喜鹊、乌鸦等。有的地方还用蚯蚓来喂养鸡、鸭和猪等。根据初步实验表明,如果每只鸭每天喂1~3两蚯蚓,不但鸭子生长好,产蛋率也有所提高,而且平均每个蛋比不喂蚯蚓的鸭蛋重10~16克。鱼类也喜欢吃蚯蚓，钓鱼的人常常用小的蚯蚓作为鱼饵。近年来，有些国家人工培养白虫科蚯蚓，给鱼种场作饲料。许多动物吃了蚯蚓都生长快，体质健壮，还可以减少疾病。

蚯蚓也是很重要的药材，世界各国都有记载。14世纪欧洲的《百科全书》中就曾经记录，用烤干的蚯蚓和面包一起吃，可以使胆石缩小、排出，又可以治疗黄疸病，还可以作妇女的催产剂；蚯蚓的灰和玫瑰油混合，可以治疗秃发；古代阿拉伯人还用蚯蚓治疗痔疮；缅甸用蚯蚓灰治疗溃疡、口疮；我国从古时候起，就用蚯蚓作药材。在李时珍的《本草纲目》中就记载了蚯蚓可以配制40种药方。

知识链接

蚯蚓的害处

蚯蚓也有危害的一面：有一种寄生在猪体内的寄生虫——猪肺丝虫，在它的幼虫生长发育中，有一段时间是寄生在蚯蚓体内的。因此，活蚯蚓容易传播疾病，对猪可传播绦虫病和气喘病。对禽类可传播气管交合线虫病、环形毛细线虫病、异次线虫病和楔形变带绦虫病。

海洋中的动物香

科普档案 ●**动物名称**:抹香鲸 ●**分布**:世界各大海洋 ●**特征**:粪便可制作高级香料

抹香鲸所特有的龙涎香从古至今一直是神秘又高级的天然香料。香料公司将收购来的龙涎香分级后磨成极细的粉末，溶解在酒精中，用于配制香水，或作为定香剂使用。

抹香鲸是海洋中的庞然大物,雄性最大体长达23米,雌性17米,但使抹香鲸与众不同的不是它的庞大身躯,而是它所特有的龙涎香。

龙涎香从古至今一直是最神秘最高级的天然香料。早在我国汉代时,就有渔民在海里捞到一些灰白色的蜡状漂流物，重量从几千克到几十千克不等,有一股强烈的腥臭味,但干燥后却能发出持久的香气,点燃时更是香味四溢。当地的一些官员,收购后当宝物贡献给皇上,在宫廷里用作香料,或作为药物。当时,谁也不知道这是什么宝物,请教宫中的"化学家"炼丹术士,他们认为这是海里的"龙"在睡觉时流出的口水,滴到海水中凝固起来形成的,于是把这种香料命名为"龙涎香"。随着时代的进步,大家认为龙涎香是"龙"的口水的说法不科学。海洋生物学家经过不断地研究,认为这是一种巨大的海洋动物肠道分泌物,至于是什么动物分泌的,一直没有弄清楚。

□抹香鲸

真正发现龙涎香秘密的是沙特阿拉伯科特拉岛的渔民。这个岛屿上的渔民主要以捕抹香鲸为生,有一次,一位老渔民在剖开一条抹香鲸的肠道时，发现了一块龙涎香。当时,渔民们认为这是它从海面吞食的,并没有当一回事。但这消息不胫而走,引起了海洋生物学家的高度重视,他们立即进行深入的研究,终于解开了龙涎香之谜。原来,龙涎香是抹香鲸的排泄物!

抹香鲸生活在热带和亚热带海域,是鲸类家族的潜水冠军。它可以下潜到千米深海,吞食乌贼、章鱼等动物。但是,这些动物被吞食后,它们身体中坚硬、锐利的角质喙和软骨却很难被抹香鲸消化。胃肠饱受折磨却不能将之排出体外,这令抹香鲸痛苦异常。在痛苦的刺激下,抹香鲸只好通过消化道产生一些特殊的蜡状分泌物,来包裹住那些尖锐之物,以缓解伤口的疼痛,慢慢地就形成了龙涎香。有的抹香鲸会将龙涎香呕吐出来,有的会从肠道排出体外,仅有少部分抹香鲸将龙涎香留在体内。排入海中的龙涎香起初为浅黑色,在海水的作用下,渐渐地变为灰色、浅灰色,最后成为白色。

自古以来,龙涎香就作为高级的香料使用,香料公司将收购来的龙涎香分级后,磨成极细的粉末,溶解在酒精中,再配成5%浓度的龙涎香溶液,用于配制香水,或作为定香剂使用。随着人类对抹香鲸的大量捕杀,龙涎香的资源逐年减少,价格也日益昂贵,差不多与黄金等价。

奇妙的龙涎香是大自然的精华,是大海馈赠给人的礼物,为了让龙涎香的芬芳世世代代永存,我们必须保护海洋环境,保护抹香鲸,让它们在大海中繁衍生长,不断地为人类贡献香中极品——龙涎香。

知识链接

龙涎香

龙涎香的基本组成部分是不具有香味的三环三萜烯固醇龙涎甾,香水的配料中加进了它,便会在皮肤表面形成极薄的一层薄膜,这层薄膜可以起到延缓香水香味迅速挥发的作用。现在,龙涎香中的各种成分均能人工合成,但却不能完全代替龙涎香,因为目前人类的技术还达不到大自然的奇妙与和谐。

动物学科猜想

□鲜为人知的动物奇观

第3章

再造猛犸

科普档案 ●**动物名称**:猛犸 ●**分布**:非洲热带地区 ●**特征**:身高体壮,皮厚,御寒能力极强

猛犸是在陆地上生存过的最大哺乳动物，猛犸干尸的发现点燃了人们通过克隆技术复活猛犸的热情，通过克隆技术成功复活猛犸对于拯救濒危动物是一大突破性进展。

猛犸是在陆地上生存过的最大哺乳动物,现代的非洲象或印度象都是猛犸的“表兄弟”。猛犸起源于400万年前的非洲,后来迁移至欧亚、北美洲。在距今大约350万年前,猛犸曾广泛分布在亚欧大陆北部和美洲北部,但在9500年前,猛犸竟然与恐龙一样突然灭绝了,成为生物进化史中的未解之谜。现在,猛犸化石出土最多的地方是在西伯利亚一带,至今,仅在那里发现的猛犸化石已达2.5万个之多。

2005年春，一位俄国猎人在靠近北极圈的西伯利亚茫茫雪原上打猎，一不小心,被一个凸起的东西绊倒了。当他清除覆盖在这种东西上的冰雪时,看到的竟是一只被冻僵了的巨大古老动物的头颅和长牙———这是一头完整而僵硬的猛犸！这头猛犸整个身体坐在粗大的后腿上,一只前腿高高抬起。让人吃惊的是,在这头猛犸的舌头上,还残留着待咽的毛茛草。这说明,数万年前,这只猛犸正在悠闲地吃着青草，气温突然急剧降低,它还没来得及吞下嘴里的草,便一下子被永恒地冻结在历史中。

□猛　犸

完整的猛犸尸体被发现之后，科学家们由法国探险家伯纳德·布伊格斯带领，涌向了发现猛犸的地方。为了避免造成破坏，布伊格斯和手下的人在四周挖了一条深沟，切开了冻着猛犸尸体的重达24吨的冰块。包着猛犸的冰块被移到飞机上，运到附近的一个岩洞里，在那里用吹风机缓慢将猛犸解冻。后来，科学家们对这头猛犸的毛发、骨骼和牙齿的初步分析表明，它死于大约30380年前，是一头雄性猛犸。这头巨兽身上披着栗色的长毛，脚部毛长22.5厘米，胸腹部毛长41厘米。

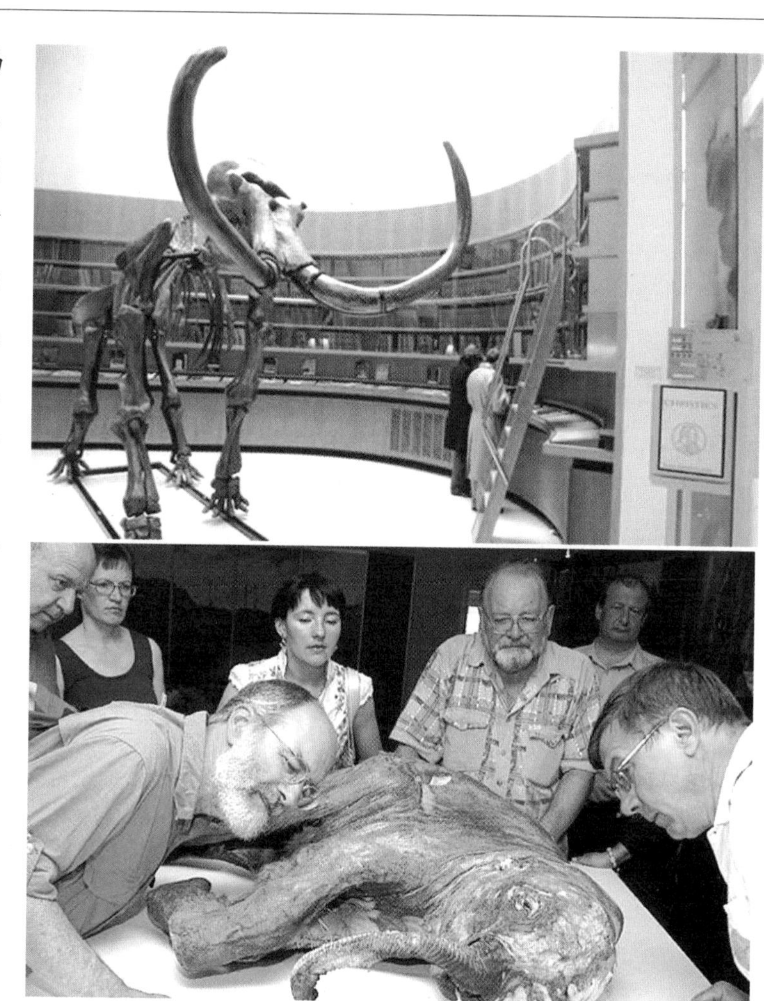

□科学家预重组猛犸DNA碎片

猛犸干尸的发现立即点燃了人们通过克隆技术复活猛犸的热情。我们知道，科学家早已能够克隆各种动物了，但此前的克隆都是采用动物的活细胞进行克隆，从猛犸干尸上取得的细胞能克隆出活生生的猛犸吗？经过热烈的讨论，科学家们认为应该试一试。于是，西伯利亚猛犸的尸体组织在出土后被装在满是液态氧的容器里空运到了科研和技术条件相对比较好的日本。

有人认为，冰晶破坏了猛犸冰冻细胞的DNA，使它们丧失机能。但是，日本科学家们认为动物大脑的高脂肪以及头骨可以有效地保护脑细胞，减小被冰晶破坏的可能性。近日，日本科学家们完成了冷冻死亡老鼠的克隆实验，并成功使得一只已死亡并冷藏了16年的老鼠产生新的生命。这是人类首次成功克隆存放如此长时间的冷冻动物，这一技术将有望使得猛犸重新复活。

通过克隆技术成功复活猛犸对于拯救濒危动物是一大突破性进展，但科学界对再造猛犸的计划褒贬不一。赞成者认为这是一次大胆的挑战，如果成功，将把生物技术向前推进一大步。而反对者认为，从生物学的角度讲，复活猛犸并不具备特别的意义，因为它在生物进化链上的地位已经很清楚。还有人提出，根据达尔文"物竞天择，适者生存"的进化论，物种灭绝是自然现象；人为干涉生物界的自然淘汰，违背了自然规律。结果究竟如何，我们还需拭目以待。

知识链接

复活计划

澳大利亚的一个研究小组已经着手研究克隆已灭绝的塔斯马尼亚虎；美国的一个研究小组已经开始尝试复活5年前灭绝的一种野生白山羊。在所有复活计划中，人们最关注的恐怕是恐龙了。但从理论上讲，恐龙是不可能复活的。因为经过6000多万年的时间，恐龙的基因都被分解了。

“恐龙鸡”计划

科普档案 ●动物名称：恐龙鸡　●特征：一半像恐龙，一半像鸡

美国古生物学家杰克·霍纳设法通过“逆向基因工程”技术，打造出一种一半像恐龙、一半像鸡的生物——“恐龙鸡”，从而令灭绝了6500万年的恐龙再次“复活”。

众所周知，恐龙早在6500万年以前就已经灭绝了，我们今天只能在博物馆看到各式各样的恐龙化石。但近年来却有人提出了“恐龙并未灭绝”这一令人难以置信的崭新观点，并着手复活恐龙，他就是美国古生物学家杰克·霍纳。

在美国蒙大拿州辽阔的荒野深处，有一处方圆数百里人迹罕至的偏远地方——海尔克里克，这里是世界上白垩纪晚期恐龙化石最丰富的地区之一。1902年，这里发现了第一只霸王龙化石。自那以后，全世界共发现了24具霸王龙骨架，其中有11具是在这里发现的。迄今为止，海尔克里克出土了大量史前生物化石。1982年，霍纳就任蒙大拿州立大学洛基山博物馆的馆长并主持了海尔克里克的大规模挖掘工作。为了研究恐龙化石，霍纳为自己的实验室装备了极为先进的设备。后来，霍纳在一只距今约8000万年的霸王龙的股骨中分离出了遗传物质——DNA片断。经研究表明，这些片断与现代鸟类的DNA片断颇为相似。这就意味着恐龙——爬行动物王国的“君主”——并不像一般人们认为的那样早已在6500万年前就灭绝了，而是有一些可能继续生存下来，并演化成了鸟类。此后，霍纳一直尝试利用DNA技术令灭绝了6500万年的恐龙再次“复活”。好莱坞科幻电影《侏罗纪公园》就是受到他的研究启发而拍摄，而霍纳也曾充当该片的技术顾问。但霍纳多年研究后发现，想要像电影《侏罗纪公园》那样重建完整的恐龙DNA

基因图谱几乎是一项不可能的任务。所以霍纳决定采取另一个不可思议的方案——让一只鸡退化成恐龙！

霍纳认为，现有的家禽鸡是从一种史前肉食恐龙进化而来的，因此家禽鸡的DNA中包含着恐龙的基因记忆。一旦这个基因记忆被“打开”，就将复苏家禽鸡处于长期睡眠状态的恐龙特征。因此，如果能设法通过逆向基因工程技术唤醒鸡胚胎中沉睡的恐龙基因，使家禽鸡繁衍的后代逐渐退化，就能打造出一种一半像恐龙、一半像鸡的生物——恐龙鸡。目前，霍纳正斥巨资资助世界多国的科学家联手展开这项匪夷所思的“恐龙鸡计划”。北美洲的科学家已经研发出了一些实现“恐龙鸡计划”所必备的基因技术，而一些亚洲的实验室正开始着手进行计划的下一阶段——造出一只活生生的恐龙鸡。据估计，未来恐龙鸡的上半身仍和普通的家禽鸡类似，但不同的是，它将有恐龙那样的尖利牙齿和长长的尾巴，还有长着3~5根脚趾的利爪，并且没有鸡身上的翅膀。不过，恐龙鸡的全身仍可能长满羽毛，因为科学家近年来研究发现，许多恐龙身上都覆盖有羽毛。霍纳预言，根据目前的实验进度，第一只恐龙鸡很可能将在未来5~10年之内诞生。霍纳提出的让史前恐龙重新在地球上徜徉的宏伟蓝图是否能够实现，让我们拭目以待吧！

知识链接

恐　鸟

最早提出恐龙进化为鸟类的是日本科学家福田，他对鸵鸟目恐龙的骨骼进行了研究后推测，正是鸵鸟目恐龙进化成了恐鸟，这是一种18世纪末还在新西兰存在的一种高达3米的大鸟。可惜由于人类的大肆捕杀，这种似乎由恐龙进化而成的恐鸟已经灭绝了。

试管动物

科普档案 ●**名称**:试管动物 ●**特征**:基因优良,可挽救濒临灭绝的野生动物

采用胚胎移植技术，不仅可以迅速地为人类提供大量的良种牲畜、家禽，还可以通过人工繁殖，挽救濒临灭绝的野生动物。

美国新泽西州有一家牧场,近年来参观的人络绎不绝。每位参观者都被带向一座明亮的牛舍,那里有三四十头小奶牛在安静地休憩。参观者会注意到,这三四十头小奶牛几乎是一个模子里刻出来的,连身上的黑白花斑也几乎一模一样。自豪的牧场主会向大家介绍说,这三四十头奶头是同一对父母的后裔,几乎同时出生。同一父母?这怎么可能?谁都知道,一头母牛一年只能怀一胎,每胎一般只有一头牛犊。牧场主会向你解释:这些小奶牛是“试管动物”,它和“试管婴儿”一样是细胞工程中的新鲜事。

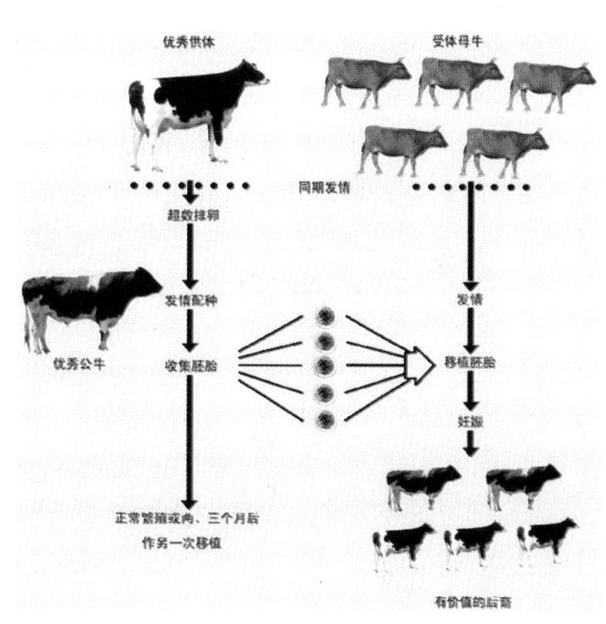

□胚胎移植过程

世界上第一例试管婴儿诞生于1978年。所谓“试管婴儿”,当然不是在试管里把受精卵直接培育成婴儿,而是指在科学家的精心设计和严密控制下，精细胞和卵细胞的受精作用在试管里完成，受精卵又在试管里发育成胚胎。这胚胎则要放入母

□中国“试管动物研究之父”范必勤抱着出生不久的转基因家兔

亲本人或是“代理母亲”的子宫中，再发育成胎儿。

试管婴儿的问世推动了试管动物的研究。一位英国科学家在试管婴儿问世后成功地把美国的试管猪胚胎移植到英国猪的子宫内膜上，使英国本地猪一次产下了8头美籍英国猪。此后，这种胚胎移植技术取得了快速发展，科学家们先后培育了“试管兔”“试管牛”“试管猫”等试管动物。

在试管生物的热潮中，英国学者一马当先，他们的成绩使国际同行惊叹不已。在咄咄逼人的形势下，科技先进的美国科学家们奋起直追，特别是经过多年努力，他们在奶牛的试管授精和胚胎分割这两项技术的结合上取得了长足进步。本来，一头良种乳牛一次只排一个卵，一年只生一胎。现在，科学家使得它一次能排好多个卵，然后选良种公牛进行交配，再把受精卵取出，放到试管中去培育。隔一段时间再进行注射，促使它排卵。这样，一头良种乳牛一年能提供三四十个受精卵。这些受精卵在试管里发育成胚胎以后，被移植到普通母牛的子宫里，而这些普通母牛会忠实地完成“代理母亲”的使命，产下一头头地道的良种牛犊。这样，一头良种乳牛一年能生下三四十头良种牛犊了。科学家还有另一手高招：当试管里的受精卵发育成胚胎后，到了一定的阶段被取出来进行分割，分割成两份、四份甚至八份，然后再放入试管中继续培育。分割成的部分胚胎有的有两个细胞，照样会不断分裂，发育成新的胚胎。这些新胚胎照样可以植入普通乳牛的子宫，发育成地道的良种牛犊而来到世间。这手高招称为胚胎分割。有了它，试管动物技术如虎添翼，可以迅速地为人类提供大量的良种牛、良种马、良种羊、良种猪……有人断言，要不了多长时间，动物育种技术将彻底更新，全世界的畜牧业将是另一种模样。

近些年来，科学家们又把胚胎移植技术应用在珍贵稀有的野生动物的人工繁殖上，并取得了很大进展。我们知道，有好多珍贵的野生动物，由于数量极少，导致雌、雄性不能相遇而大大减少繁殖机会，并有灭绝的危险。还有一些本身繁殖有困难的野生动物也是容易灭绝的。采用胚胎移植技术进行人工繁殖，可以挽救这些濒临灭绝的野生动物。1990年，一只西伯利亚虎产下了三只孟加拉虎，这三只小虎就是在试管内受精后植入西伯利亚母虎的子宫内的。随着胚胎移植技术的日臻完善，人类将奉献给大自然更多的“试管动物”。

知识链接

试管动物与克隆动物的区别

试管动物与克隆动物不同。试管动物是将动物的精子和卵子在体外受精、体外培养胚胎，然后将发育到一定程度的胚胎移植入受体后得到动物。而克隆动物是指遗传上完全相同的分子、细胞或来自同一祖先的生物个体的无性繁殖群体。

猪的新贡献

科普档案 ●**动物名称**:猪 ●**特征**:身体肥壮,性温驯,适应力强,易饲养,繁殖快

猪从古至今一直是人们肉食品的主要来源。伴随着生物科技的迅猛发展,猪又有了新的用途。由于猪在解剖、生理和代谢等方面与人类非常接近,因此正被列为一种万能供体动物进行研究,以应用于人类的器官移植。

猪是我们最常见的家畜,也是我国古代“六畜”之一,从古至今一直是人们肉食品的主要来源。其实,猪对人类的贡献远不止如此。最近,一位好奇的荷兰女作家通过跟踪一头屠宰场的猪发现,这头猪的最终用途竟达185项。

1915年,德军为打破欧洲战场长期僵持的局面,在人类战争史上第一次使用了毒气战——氯气,具有强力腐蚀能力的氯气,经呼吸道吸入后最快两分钟就可引起死亡,且死者七窍流血,面目狰狞。是役德军共使用约180吨氯气,顺风扩散了25千米,导致约5万名英法联军士兵中毒,死亡约万人计,景象骇人。除人以外,诸多野生动物也被殃及,但野猪却是个例外。这个现象得到英法科学家的高度重视,经深入分析后,发现并非野猪真的能够抵抗氯气,而是因为当它察觉形势不妙时,并未夺路狂奔,而是使出其惯用招法以嘴拱地,将口鼻埋于松软的泥土当中,那些松软的泥土有效地过滤了氯气,才使它得以幸存。受此启发,人类第一次制造出了真正有用的防毒面具。现在你知道了为何防毒面具看起来像个猪嘴的原因了吧!

最近,有人对猪的生活习性经过长时间的观察与研究之后,证明猪的确是一种温顺、聪明的动物。猪经过训练后,也能像狗一样担任警卫工作。在美国有的农民用猪来保卫庄园的土地,还咬伤过误入庄园的陌生人。还有一位农民为了防止牛在池塘边饮水时被蛇咬伤,养了两头猪代替人看守

池塘,取得了很好的效果。猪不仅能防蛇,而且还喜欢吃蛇。科学家实验证明,养猪防蛇是符合科学道理的,因为猪有厚厚的脂肪,能中和蛇毒而防止蛇毒进入血管。

猪还有极其发达的嗅觉。在法国的一些地区的地皮下,生长着一种价格非常昂贵的食用菌类——黑松露菌。当地的农民把猪当作收获黑松露菌的有力助手。猪在6米远的地方,就能嗅到长在25~30厘米深的地底下的黑松露菌。

伴随着生物科技的迅猛发展,猪又有了新的用途。科学家们发现,猪在解剖、生理和代谢等方面与人类都非常接近。比如:猪也有乳牙、恒牙的替换模式,它的内脏器官大小和功能以及动脉循环系统与人类相似,更有意思的是,当猪过度紧张或兴奋时也可能导致心脏病发作,而且猪和人之间还共享40多种疾病,其中起码有20余种是与人类基本一致的遗传性疾病。正因为如此,生物学家们产生了利用猪所拥有的细胞、器官等来治疗人类疾病的想法。

大家知道,在人与人之间做器官移植,首要的任务就是进行组织配型,然而除了同卵双胞胎以外,这世界上几乎不可能有两个在基因型上完全一致的人,所以后期的免疫抑制药物仍然是必需的。每年都有很多人等不到自己需要的器官,或者无力负担移植所需巨额花费而凄凉地离开人世。在基因工程出现以后,人们不禁会想如果能够创造出一种万能供体动物,这个世界当然会更加美好,而首选动物就是猪。

2006年11月,美国科学家戴维·萨奇斯宣称,他们已经培育出一种特殊的“基因变异”猪,这种猪的体内缺少一种关键的糖

□猪

分子，这种糖分子只在普通的猪体内存在，而人类和其他灵长类动物身上都没有。如果猪的细胞中没有这种糖分子，那么灵长类动物——包括人类的免疫系统，就不会认出这种猪的移植器官是“外来异物”，这样一来，如果人类患者移植了这种猪的心脏、肝脏或肾脏等器官，将不会产生明显的排斥现象。

戴维的科学小组曾于2004年将一只基因变异猪的肾脏移植到了一只狒狒的体内，这只狒狒后来活了83天。戴维认为，只有狒狒接受移植手术后能够存活一年，它们才能进行人体移植实验。这项实验目前仍在进行中。目前看来，人类在这条路上终于迈出了第一步，当然这个科学猜想和最终的临床实践之间还非常遥远，还有很多难题需要克服。

知识链接

猪体内的病毒

猪体内有一种病毒，数百万年来，这种病毒寄生在猪体内，已经成为猪的遗传物质的一部分。虽然这种病毒不使猪患病，但是如果将猪的器官移植到人身上就可能会导致一种全新的疾病的产生。因此，一些科学家坚决反对给人类移植猪的器官。

营养保健昆虫食品

科普档案 ●**名称:**昆虫食品 ●**特征:**含有丰富蛋白质,具有极高的保健功效

当今世界面临着人口迅速增长、粮食不足的困境,需要人们去探索新的食物来源,而昆虫世界恰好是供勇敢者开拓的一个广阔领域。

鲁迅曾称赞第一个吃螃蟹的人为勇敢者,因为螃蟹的长相又丑又怪,第一位品尝者的确需要很大的勇气。当今,世界人口迅速增长,粮食不足,需要人们去探索新的食物来源,而昆虫世界恰好是供勇敢者开拓的一个广阔领域。

世界上已知的昆虫有100多万种,目前已知可食用的昆虫就达3650余种。研究发现,几乎每一种可食昆虫都含有丰富的蛋白质,是一个微型营养库。如蜜蜂干体蛋白质含量高达81%,苍蝇为79%,蟋蟀为76%,蝴蝶为71%,白蚁干物质竟有80%是蛋白质和脂肪,其热价比牛肉还高两倍。

□世界上有很多国家或地区都有以虫为食的习惯

食用昆虫,乍听起来似乎有点吓人,甚至恶心。其实,世界上有很多国家或地区都有以虫为食的习惯。我国是利用食用昆虫最古老的国家之一,在我国最早记录天子饮食起居情

□令人咋舌的昆虫食品

况的《礼记》中，就记载了周天子食用的120种食物，其中就包括蚂蚁、蝉和蜂，可见这3种昆虫在周代就是食中上品。到汉代，皇室喜食蝗虫和天牛幼虫。汉文帝吃天牛幼虫时，是在浸渍以后，拌蜜而食。三国时期，曹植爱吃蝉，常令厨师烹食。以后各代皇室以昆虫为食者，在史籍中，也屡有记载。到了现代，昆虫美食的开发热潮席卷全国，除了传统的昆虫美食外，还卓有成效地开发出许多昆虫保健食品，如用发酵方法加工蚕蛹，生产蚕蛹豆酱、蚕蛹面包。中国婴幼儿营养研究所利用蚕蛹研制成功蚕蛹粉，其蛋白质含量比牛肉高3倍，属于全营养保健食品。黑龙江利用蚕蛾生产蚕蛾酒，畅销海内外。云南、江苏利用蚂蚁做原料研制成功的金刚酒、蚂蚁粉在治疗类风湿和癌症等方面具有独到的效果。

墨西哥是当今世界昆虫食品之乡。在那里，仙人掌虫、黄蜂、蝉、蜻蜓、蝴蝶、小甲虫等50多种昆虫是人们餐桌上的佳肴。最近，墨西哥建立了该国第一个以昆虫为主要原料的食品加工厂。工作人员从农民手中收购蚂蚱、蚯蚓、金龟子、蛆虫和蝴蝶蛹等，然后制成卷饼和零食，并打算把这些昆虫食品推销到偏远的山村，以缓解这些地区居民因贫困导致的长期营养不良。专家认为，一个用菱蝗干粉制成的卷饼，其蛋白质成分占85%，蚯蚓粉制成的饼干中蛋白质成分占52%。这些食品不仅有利于缓解血液黏稠，而且有助于受伤的软组织和肌肉的恢复。此外，研究人员还在原料中添加了柠檬和辣椒等墨西哥人喜爱的调味品，以便让昆虫食品在口味上更易让人接受。

在美国和欧洲等一些发达国家，昆虫也被制成罐头食品，在专门的商店和饭店出售，主要品种有蜜蜂巧克力、蚂蚁巧克力、毛虫巧克力、油炸蚂蚱、糖水蚕和糖水蜜蜂，以及用昆虫制成的蜜饯，味道鲜美，受人青睐。另外，美国生物学家正在研制上千种昆虫提取物，试验治疗艾滋病、癌症及各种慢性病、疑难病和传染病。

吃虫习惯可说已遍及世界，专家断言：21世纪是讲营养和讲保健的世纪，一定会有更多的昆虫食品、药品上市，昆虫在不久的将来必将对人类做出更大的贡献。

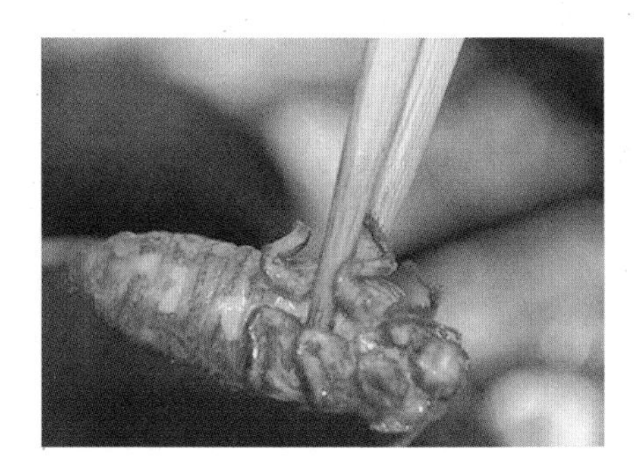

知识链接

昆　虫

昆虫的适应性强，世界上每一个角落，都有不同的昆虫生物，而且，它们的繁殖能力惊人。一对普通的苍蝇一年能产卵5.5亿个；埃及煌虫每月平均产卵19.5万个；一只蚁王每天产卵340颗。源源不断的昆虫后代，将为人类提供丰富的食品来源。

实验新星斑马鱼

科普档案 ●**动物名称：**斑马鱼 ●**特征：**个体小，养殖花费少，能大规模繁育

近年来，斑马鱼作为一种新的模式动物，越来越被科学家们重视。这位实验动物中的新星将和那些推动人类进步的科学家们一道永载史册。

在生命科学、人类医药和健康研究领域，有些实验动物一直是科学家们的宠儿。其中，那些标准化的实验动物被称为模式动物。模式动物中最著名的当属果蝇，而蟾蜍、鸡、线虫和小鼠也在不同的时期成为模式动物，在人类自然科学探索过程中发挥了巨大作用。近年来，斑马鱼作为一种新的模式动物，越来越被科学家们重视。

斑马鱼因体侧有像斑马一样纵向的暗蓝与银色相间的条纹而得名，是一种典型的亚热带观赏鱼类。斑马鱼体长仅3厘米，1升水里可以容纳上百

□斑马鱼

条、饲养起来很容易。此外,斑马鱼很容易鉴别雌雄而且它的胚胎是透明的,人们可以清楚地看到它的内脏、血管和神经的发育变化。正是由于这些特点,斑马鱼引起了美国俄勒冈大学著名遗传学家乔治博士的注意,这位热带鱼爱好者在20世纪70年代初开始研究斑马鱼的养殖方法,观察其胚胎发育过程。经过近十年的研究,乔治博士的研究组于1981年发表了一篇具有深刻影响的论文。在这篇论文中,他们介绍了斑马鱼的体外受精等许多新技术,接着又介绍了斑马鱼的卵裂特点、不同时期胚胎中细胞的发育过程等,并发现斑马鱼脑中的许多神经元的排列简单而有规律。另外还有科学家发现,斑马鱼的脑部神经元较为简单和可预测。这些研究成果证明了斑马鱼适合用作模式动物。

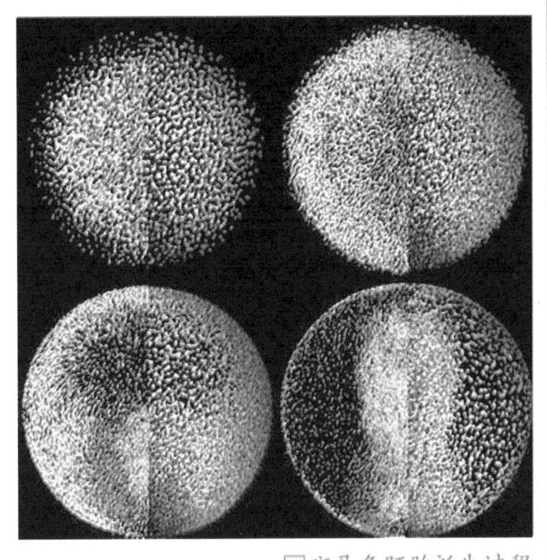
□斑马鱼胚胎诞生过程

现在我们已经知道,斑马鱼的基因与人类基因的相似度达到87%,这意味着在其身上做药物实验所得到的结果在多数情况下也适用于人体。此外,雌性斑马鱼可产卵200枚,胚胎在24小时内就可发育成形,这使得生物学家可以在同一代鱼身上进行不同的实验,进而研究病理演化过程并找到病因。

正是通过在斑马鱼身上进行的实验,生物学家发现,包括人类在内的一些脊椎动物之所以产下奇异的双头幼仔是因为两种基因活动紊乱造成的。令人惊奇的是,这种生活在热带的鱼还能够“再造”被部分切除的器官,从而为从事修复受损脊髓的研究人员打开了方便之门。目前,斑马鱼的使用正逐渐拓展和深入到生命体的多种系统的发育、功能和疾病的研究中,并广泛用于遗传学、肿瘤学、药物学、毒理学等诸多方面。

在药品研发等方面,每年有很多新药进入临床或者临床前阶段,它们是否对人体有害需要进行全面科学的安全评价。“实验新星”斑马鱼再次担当重任，斑马鱼胚胎和幼鱼对有害物质非常敏感，同时用药简单，只需将药物放入养殖胚胎的水中或快速注射，用药量少、测试周期短。而且通常斑马鱼产卵数量大，测试的样本数很多，这样一来，可以确保统计学意义上的显著性与数据的可靠性。同时，早期的安全评价还可以评估药物对多种组织器官的伤害程度。因此，可用于测试潜在药物对生物体的毒性评估。此外，科学家们还发现，斑马鱼也是检测水污染程度的优良物种，因为转基因斑马鱼可以根据污染物浓度的变化而发出可看到的荧光。

随着研究的深入，斑马鱼在人类科学史上的地位已不可撼动，这位实验动物中的新星将和那些推动人类进步的科学家们一道永载史册。

知识链接

模式动物

在生物科学的发展历程中，模式动物发挥了重要的作用。海胆等低等动物模型的出现催生了现代受精生物学、发育生物学；果蝇模型的建立大大推进了遗传学和发育生物学的进展；线虫模型对基础和应用生物学产生了巨大的推动作用。目前，斑马鱼和非洲爪蟾是最常用的两种模式低等脊椎动物。

海绵的妙用

科普档案 ●**动物名称**:海绵 ●**特征**:没有嘴,没有消化腔,没有中枢神经系统

随着科学技术的不断发展，海绵在医药、日常生活中愈加广泛的用途被挖掘出来。可以预见，随着科学技术的发展，海绵在海洋药物、海洋生物材料、海洋环境保护中将发挥重大作用。

最早的海绵是从海里发现的,由于它柔软得像棉花,所以取名海绵。生活在海水中的海绵,多数是灰黄色、褐色或黑色的块状物。假如你是第一个从海里发现海绵的人,你能一眼就断定它是动物还是植物吗?估计不大可能。因为若说它是动物,却看不到它有什么器官和很确定的组织,也看不见它会动;若说它是植物,又不具有植物的明显特征。对这个问题科学家们一直争论了2000多年,直到人们发明了显微镜以后,才看清了它的庐山真面目。那以后,科学家们确认它是动物,并在动物家谱中给它安排了一个合适的位置,叫作海绵动物门。经过仔细研究,人们发现海绵的种类真不少,竟有1万多种,是动物界中的一个庞大家族。

古希腊人、古罗马人和我国古代劳动人民很早就认识和采集海绵动物,特别是浴用海绵,网孔细,弹力强,吸水性好,可以用于洗澡擦身、洗碗等,后来又在工艺、医学和日常生活方面展现了越来越多的广泛用途,如做油漆刷子,用作钢盔的衬垫和其他垫子,烧成灰能治疗脚痛等。

□海　绵

海绵的再生能力特别强，不用说把它撕成小块，就是把不同颜色的海绵放在一起磨碎，用不了多久又会形成许多不同颜

色的新海绵。在地中海、红海和美洲沿海等地，人工养殖海绵动物业十分发达，人们将海绵切割成块，用绳系在架上，投入海中，2~3 年就可收获大批海绵了。随着科学技术的不断发展，人们发现了海绵动物新的价值。

海绵上的每个小孔都是进水孔，都通到体内一个公用的腔里。腔就像一个瓶子，上端是共同的出口，这是海绵的滤水系统。小孔的壁上是细胞，细胞有鞭毛，鞭毛一起摆就把水从小孔吸进去，经过公共腔，再由出口排出去。在水不停的流动过程中，水中的微小食物颗粒就被领细胞捕捉住吞噬掉，同时水中的氧气也被吸收。如果在水族箱里养有海绵，在水里滴一滴红墨水或黑墨水，不一会就会看到海绵的出水口像海底喷泉一样喷出带色的水流。海绵滤水的效率是很高的，一个 10 厘米高的海绵每天能过滤 22.5 升海水。由于海绵具有降解海水污染物的能力，也展示了其在海洋污染方面的应用价值。近年来，已经有科学家提出“海绵生物技术”的概念。

科学家还发现海绵体内的毒素可以用来制药，治疗肿瘤、心血管和呼吸系统等疾病。目前，海绵是发现海洋活性物质最丰富的海洋生物，已经成为海洋药物开发的重要资源。此外，美国科学家已经确认了一种生长在黑暗的海底深处的海绵体可以产生细细的玻璃纤维，这种纤维能够至少像通信工业使用的光纤电缆一样传输光能。这种天然产生的玻璃纤维还较之人工制造的光纤电缆更有柔韧性。

可以预见，随着科学技术的发展，海绵在海洋药物、海洋生物材料、海洋环境保护中将发挥重大作用。

知识链接

多孔动物

海绵动物门也称多孔动物门，是最原始、最低等的多细胞动物。多孔动物的外形变化很大，除少数种类外，往往没有对称面，在许多方面与低等植物相似，海绵就被称为“海中的花和果实”。

前景广阔的蜘蛛丝

科普档案 ●**名称:**蜘蛛丝 ●**特征:**纤维强、韧性大,在国防、建筑等领域具有广阔应用前景

看似柔弱的蜘蛛丝,因其纤维优良的性能,可用作高性能的生物材料,从而和人们的生活密切联系在一起。

在希腊神话里,蜘蛛是一位纺织巧匠的化身。的确,蜘蛛是自然界产丝和用丝的"专家",它们一生都离不开丝,称得上是一流的纺织家。在普通人看来,恼人的蜘蛛网只是灰尘,需要一扫了之。但在科学家的眼里,柔弱的蛛丝,却和人们的生活密切联系在一起。

人类利用蜘蛛丝始于1909年,在第二次世界大战时蜘蛛丝曾被用作望远镜、枪炮的瞄准系统中光学装置的十字准线。随着研究的深入,人们逐渐了解了蜘蛛丝的组成成分、特性并开始大大拓展其用途。

蜘蛛丝是一种骨蛋白,在体内为液体,排出体外遇到空气立即硬化为丝。蜘蛛网上的蜘蛛身体不容易晃动,是因为蜘蛛丝中含有一种特殊的分子结构,能使蜘蛛丝富有弹性,很容易克服摆动。蜘蛛在结网时,顺序是先结直丝,再结横丝。直丝有如整片网的骨架,因此强度高。横丝上附有粘球液体,用以粘住比自己身体还大的昆虫,并抵消昆虫的撞击力。国外的科学家通过实验比较发现,蜘蛛网直丝的弹性度只有30%,而横丝的弹性度高达200%,并且蜘蛛丝可以延伸到原长的10倍,而尼龙一旦延展到原长的20%就会发生断裂。人类想把这些优良的性能集中在同一种纤维上是十分困难的,而蜘蛛却做到了。

□蜘蛛丝

科学家们注意到了蜘蛛丝非同一般的性能。近年来,美国、加拿大的科学家已经成功地合作开发出人类有史以来比钢还坚硬四五倍的“生物钢”——“人造基因蜘蛛丝”。他们通过将蜘蛛身上抽取的蜘蛛丝基因植入山羊体内,使山羊奶含有蜘蛛蛋白,然后经过特殊的“纺线程序”,把山羊奶中的蜘蛛丝蛋白纺成“人造基因蜘蛛丝”。研究人员称,这种被他们冠名为“生物钢”的人造蜘蛛丝有蚕丝的质感,有光泽、弹性极强,它比钢铁坚硬却又柔软无比,集坚韧与结实于一身,可被广泛地用来制造柔软的防弹衣,以及极不易磨损的衣物等。如果进一步加以开发,未来可能制成有如晾衣绳粗细的高性能人工蜘蛛丝——“蜘蛛网”,更可拦截战斗机。研究人员还特别指出,人造基因蜘蛛丝比钢要坚韧4~5倍,比目前用来制造防弹衣的纤维材料的韧力还要高出两倍,而且这种“生物钢”的生产流程非常环保。制造防弹衣的纤维材料需要在高压下进行,配以有毒的硫酸才能造成;而“生物钢”只需要在正常室温和压力之下,加入水和蛋白质即成。目前,美国、加拿大科学家已打算大量生产这种人造蜘蛛丝。与此同时,他们也在对目前已开发成功的“生物钢”作进一步的科学改进,以达到未来强度更高的产品。

蜘蛛丝纤维优良的性能也引起了医疗卫生行业的注意,由于蜘蛛丝是天然产品,又由蛋白质组成,和人体有良好的相容性,因而可用作高性能的生物材料,用来制造人工筋腱、人工韧带等人工器官。此外,它还可用作眼外科和神经外科手术的特细和超特细生物可降解外科手术缝合线。专家们相信,人造蜘蛛丝将在未来几年内,逐渐在医学领域扮演重要角色。

知识链接

蜘蛛丝蛋白

天然蜘蛛丝主要来源于蜘蛛结的网,产量非常低,而且蜘蛛具有同类相食的个性,无法像家蚕一样高密度养殖。所以要从天然蜘蛛中取得蛛丝产量会很有限。随着现代生物工程发展,用基因工程手段人工合成蜘蛛丝蛋白是一种新突破,不久有可能形成具有一定规模的人工蜘蛛丝纤维生产厂。

神勇的动物宇航员

科普档案 ●**动物名称**：猴子、犬类、蜘蛛等 ●**特征**：从事太空冒险时拥有某些人类没有的能力

在太空探索中，动物宇航员的某些能力是人类无法拥有的。相信有一天，地球上的动物能登上火星，甚至是更远的宇宙深处。

随着航天技术的发展，人类上天去生活、去开发资源正在逐步变成现实。但是，人类要上天，刚开始时带有极大的风险，需要克服生理、心理上的许多障碍，就首先要用动物进行探索。

最先被送入太空的动物是一只果蝇。1947年美国在发射的V2导弹中故意放入了果蝇，目的是探索高空情况下的辐射暴露。1948年6月11日，一只名叫艾伯特的猕猴随V2导弹发射升空，但不幸的是，这只猕猴在飞行途中死于窒息。接下来，猕猴家族继续从事太空冒险，1949年6月14日，艾伯特二世成功进入太空，由此荣获了“第一只太空猴”的桂冠。艾伯特二世在返回地面时，降落伞出了问题，最终英勇献身。艾伯特三世死得更加悲惨，1949年9月16日，它所搭乘的V2导弹突然在距离地面10.7千米的空中爆炸，小猴尸骨无存。艾伯特四世和五世也都先后遇难。1951年9月20日，艾伯特六世和11只老鼠一道搭乘空蜂式火箭开始航天旅行，它们是第一批火箭飞行幸存下来的动物。虽然艾伯特六世在着

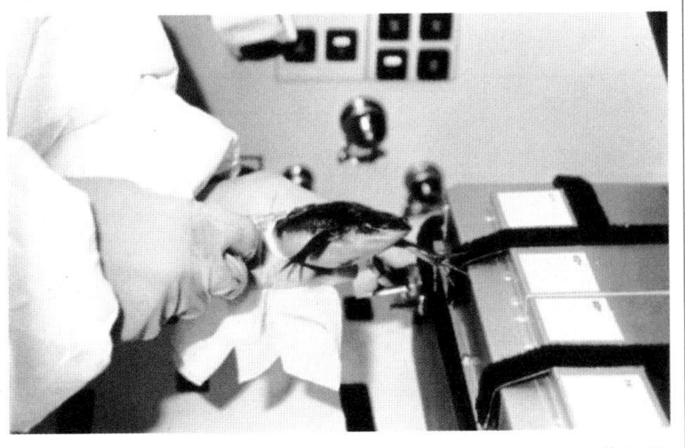

□动物宇航员

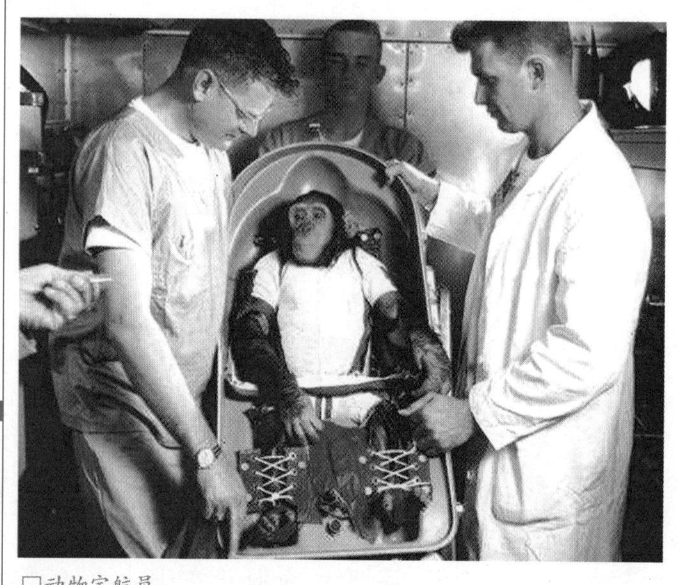
□动物宇航员

陆2小时后死亡,2只老鼠也随之死去,但是9只老鼠活了下来,说明老鼠在太空中的适应能力很强。

20世纪50年代中后期,美国又将数只老鼠送至太空轨道。1958年12月13日,一只松鼠猴戈多被美国“丘比特”火箭送上蓝天,这枚火箭达到了500千米的高度。戈多穿着特殊的宇航服,在预定15分钟的飞行过程中,有8.3分钟戈多是处于失重状态之下的。按计划,回收舱将落在南大西洋上,但不幸的是,由于发生了技术故障,戈多和回收舱都从众目睽睽下消失了。一些人推测小猴戈多在下落到海面之时很可能还活着,但大多数科学家都认为戈多已经悲惨地死去。

20世纪50~60年代,不同种类的猴子被美国送入太空,美国科研人员倾心于猴子的原因是这种动物和人类某些方面比较相似,但其中许多猴子在火箭发射前便被实施了麻醉。

和美国相比,苏联更喜欢使用太空犬进行太空探险。苏联人一般都会选择流浪狗来进行训练,因为它们的忍耐力更强。德茨克和特西甘是第一批进入亚轨道飞行的太空犬,它们于1951年7月22日为狗类做出了榜样,在经过高度达100千米的高空飞行后,两只狗竟然都毫发无伤。这次航天活动结束后,特西甘被一位苏联物理学家收养为宠物狗,德茨克则继续进行太空探索活动,它后来在一次执行任务时遇难。

1957年11月3日,体重5千克的小雌狗莱伊卡乘坐由苏联发射的“伴侣2号”卫星“上了天”,也许那时那刻它还为自己能成为第一只动物宇航员而感到自豪不已。而后的7个昼夜里,它更可以骄傲地宣称自己“不辱使命”，因为科学家们通过安装在它身体各个部位的仪器传回的电波信息，了解到太空环境对动物的身体机能并未构成致命的威胁。然而，这也不能使它逃离死神，它注定是个悲剧动物，因为当时的生物卫星不具备返回功能。在 1961 年 4 月 12 日苏联宇航员加加林进入太空前，至少有 10 只太空犬被苏联人送入空间轨道。

1960 年 8 月 19 日，苏联“五号”人造地球卫星搭载的小狗卑尔卡和斯特拉卡成功回到地面，斯特拉卡在这次任务结束后不久还产下了一只幼崽。第二年，苏联领导人赫鲁晓夫把这只幼犬送给了美国总统肯尼迪的女儿，斯特拉卡的后裔现在还生活在美国。

除了猴子和狗之外，其他动物也陆续登上了太空舞台。1961 年 1 月 31 日，黑猩猩哈姆通过“红石飞弹”进入外太空，它是第一个到达外太空的类人动物，地球上的控制电脑显示哈姆在太空中健康状态良好。在飞行过程中，虽然承受着失重的困扰，但哈姆的太空服使它没有受到任何伤害。哈姆乘坐的回收舱落在了大西洋上，当天便被专门船只救起，在整个太空旅行过程中，哈姆只是轻微擦伤了鼻子。10 个月后，黑猩猩伊偌斯走得更远，11 月 29 日，伊偌斯在太空中完成了 1 小时 28.5 分钟的旅行。回到地面时，奇怪的一幕发生了，伊偌斯兴高采烈地跳出了回收舱，向营救人员挥舞着手臂，好似凯旋的英雄。

最为神奇的事发生在 1973 年 7 月 28 日，美国把一条小鱼和一对蜘蛛送上近地轨道，没想到，蜘蛛竟能在失重的环境中织出蜘蛛网来。这两只雌性十字园蛛名叫阿拉贝拉和安尼塔，美国人想知道它们能否在太空织出蜘蛛网，如果能，是不是也和地球上的一样。两只蜘蛛花了很长时间去适应失重的环境，一天后，阿拉贝拉首先开始织网，接下来的一天，阿拉贝拉完成了这张网。宇航员立

□动物宇航员

即在蜘蛛身上洒水,8月13日,第一张蜘蛛网被清除掉,以便让蜘蛛织出第二张网来。起先,阿拉贝拉无法构建新的蜘蛛网,宇航员见状马上给它补充水分,第二张蜘蛛网也被织出来了,这张蜘蛛网明显要比第一张来得精细。然而,两只蜘蛛均未能活着回到地球,它们死于严重脱水。科学家在研究蜘蛛网时发现,太空中所织的蜘蛛网和地球上普通的蜘蛛网差别很大,太空蜘蛛网厚薄不一,而地球上的则厚度均匀。

2003年2月1日,"哥伦比亚号"航天飞机发生事故,机上7名宇航员全数罹难。然而,这架航天飞机所携带的蚕、大木林蛛、木蜂、蚂蚁和线虫动物却被发现还活着,这些动物生存能力之强令营救人员大为惊讶!在太空探索中动物宇航员的某些能力是人类所无法拥有的。

知识链接

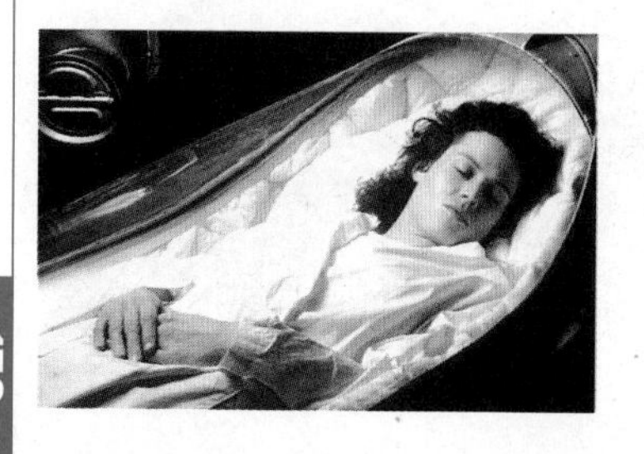

冬眠实验

科学家们目前正在进行动物冬眠实验,以期让宇航员进入类似冬眠的状态,减轻宇航器的重量,因为睡眠状态的宇航员占位少,携带的食品也少。这样,发射火箭的推动力也可以相应减小,火箭就可以飞得更远,直到火星。